中华泰山文库·著述书系

泰山风景名胜区管理委员会　编

申卫星
任月恒
贾春燕
编著

泰山鸟类图志

山东人民出版社·济南

图书在版编目（CIP）数据

泰山鸟类图志/申卫星，任月恒，贾春燕编著.--济南：山东人民出版社，2018.8
（中华泰山文库. 著述书系）
ISBN 978-7-209-11361-8

Ⅰ. ①泰… Ⅱ. ①申… ②任… ③贾… Ⅲ. ①泰山-鸟类-图集 Ⅳ. ①Q959.708-64

中国版本图书馆CIP数据核字(2018)第041963号

项目统筹 胡长青
责任编辑 张艳艳
装帧设计 武 斌 王园园
项目完成 文化艺术编辑室

泰山鸟类图志
TAISHAN NIAOLEI TUZHI
申卫星 任月恒 贾春燕 编著

主管部门 山东出版传媒股份有限公司
出版发行 山东人民出版社
出 版 人 胡长青
社　　址 济南市英雄山路165号
邮　　编 250002
电　　话 总编室（0531）82098914
　　　　 市场部（0531）82098027
网　　址 http://www.sd-book.com.cn
印　　装 北京图文天地制版印刷有限公司
经　　销 新华书店

规　　格 16开（210mm×285mm）
印　　张 29
字　　数 580千字
版　　次 2018年8月第1版
印　　次 2018年8月第1次
印　　数 1-1200
ISBN 978-7-209-11361-8
定　　价 460.00元

《中华泰山文库》编委会

《泰山鸟类图志》编辑委员会

顾　问　杜恒勤　李建强　桑新华　段文科　关　克

主　编　申卫星　任月恒　贾春燕

副主编　李秀芬　刘兆瑞　刘国强

编　委　孙桂玲　刘　冰　石国祥　张培栋　彭国胜　张艳然
刘华东　韩香雨　武　阅　魏宇心　朱遵燕　刘雅欣
于瑞华　赵艳丽　宋　军　范宏亮　马玉飞　刘玉沛
孟宪鹏　李小麦　谭亚军　郭慧玲　陈　岩　周长忠
张兴忠　张兆霞　薛　巍　贾思民　陈艳华　王红霞
王玉杰　朱　静　万光生　刘盼盼　国殿峰　李建伟

摄　影（按姓氏拼音排序）

包鲁生　陈孝齐　陈云江　程　伟　褚玉鹏　段文科
冯立平　封少林　高宏颖　关　克　韩东方　何　山
胡敬林　胡业清　李戈戈　李全江　李　晓　李艳霞
李宗丰　廖继承　刘　冰　刘国强　刘华东　刘玉沛
刘兆瑞　刘　林　刘　涛　柳　勇　牛蜀军　彭　刚
彭国胜　亓　勇　桑新华　宋　军　石国祥　孙桂玲
唐远均　王大为　王能标　王兴娥　徐良怀　薛　琳
叶翔燕　于瑞华　战玉森　张　岩　张春福　张培栋
张艳然　赵　毅　赵国君　朱迺超

立岱宗之弘毅

——序《中华泰山文库》

一生中能与泰山结缘，是我的幸福。

泰山在中国人民生活中有着广泛而深远的影响，人们常说“重于泰山”“泰山北斗”“有眼不识泰山”……在中国人心目中，泰山几乎是“伟大”“崇高”的同义语。秉持泰山文化，传承泰山文化，简而言之，主要就是学做人，以德树人，以仁化人，归于“天人合德”的崇高境界。

自1979年到现在，我先后登临岱顶46次，涵盖自己中年到老年的生命进程。在这漫长岁月里，纵情山水之间，求索天人之际，以泰山为师，仰之弥高，探之弥深。从泰山文化的博大精深中，感悟到“生有涯，学泰山无涯”。

我学习泰山文化，经历了一个由美学考察到哲学探索的过程。美学考察是其开端。记得在20世纪80年代，为给泰山申报世界文化与自然遗产做准备，许多专家学者对泰山的文化与自然价值进行了考察评价。当时，北京大学有部分专家教授包括我在内参加了这一工作。按分工，我研究泰山的美学价值，撰写了《泰山美学考察》一文，对泰山的壮美——阳刚之美的自然特征、精神内涵以及对审美主体的重要作用，有了较深的体悟。除了理论上的探索，我还创作了三十多首有关泰山的诗作，如《泰山颂》：

高而可登，雄而可亲。
松石为骨，清泉为心。
呼吸宇宙，吐纳风云。
海天之怀，华夏之魂。

这是我对泰山的基本感受和认识。这首诗先后刻在了泰山的朝阳洞与天外村。

我认为泰山的最大魅力在于激发人的生命活力。我对泰山文化的学习，开端于美学，深化在哲学。两者往往交融在一起。在攀登泰山时，既有审美的享受，又有哲学的启迪（泰山自然景观和人文景观的结合，体现了一种天人合一的艺术境界）。对泰山的审美离不开形象、直觉，哲学的探索则比较抽象。哲学关乎世界观，在文化体系中处于核心地位，对人的精神影响更为深沉而持久。有朋友问我：能否用一个词来概括泰山对自己的最深刻的影响？我回答：这个词应该是生命的“生”。可以说，泰山文化是以生命为中心的天人之学，其内涵非常丰富，可谓中国文化史的一个缩影。泰山文化包容儒释道，但起主导作用的是儒家文化，与孔子思想有千丝万缕的联系。《周易·系辞下》中讲“天地之大德曰生”，天地生育万物，既不图回报，也不居功，广大无私，包容万物，这是一种大德。天生人，人就应当秉承这种德行，对于人的生命来说，德是其灵魂。品德体现了如何做人。品德可以决定一个人的人生方向、道路乃至生命质量。人的价值和意义离开德便无从谈起。蔡元培先生讲：“德育实为完全人格之本，若无德，则虽体魄智力发达，适足助其为恶，无益也。”

“天行健，君子以自强不息；地势坤，君子以厚德载物。”这两句话深刻地体现了“天人合德”的思想。学习泰山文化要与时代精神相结合。泰山文化中“生”的精神对我影响很大，近四十年，我好像上了一次人生大学，感到生生不已，日新又新，这种精神感召自己奋斗、攀登，为人民事业做奉献。虽然我已经97岁，但生活仍然过得充实愉快，是泰山给了我新的生命。

泰山文化是中华民族优秀传统文化的主要象征之一，是我们民族文化的瑰宝。在这方面，历史为我们留下了浩瀚的资料，亟待整理。挖掘、整理泰山文化，是推动中华优秀文化遗产的创造性转化、创新性发展的迫切需要。

日前，泰山风景名胜区管理委员会的同志来舍下，告知他们正在编纂《中华泰山文库》。丛书分为古籍、著述、外文及口述影像四大书系，拟定120卷本，洋洋五千万言，计划三到五年完成。我听了非常振奋！这是关乎泰山文化的一件大事，惠及当今，功在后世，是一项了不起的文化工程。我对泰山风景名胜区管理委员会领导同志的文化眼光、文化自觉、文化胆识和文化担当，表示由衷钦佩；对丛书的编纂，表示赞成。我认为，编纂《中华泰山文库》丛书，将其作为一个新的文化平台，重要意义在于：

首先，对于泰山文化的集成，善莫大焉。关于泰山的文献，正所谓“经典沉深，载籍浩瀚”（刘勰《文心雕龙》）。从大汶口文化时期的象形符号，到文字记载的《诗经》，再到二十五史，直至今天，在各个历史阶段都不曾缺项。一座山留下如此完整、系统、海量的资料，这是任何山岳都无法与其比肩的，在世界范围内也具有唯一性。《中华泰山文库》的编纂，进一步开拓了泰山文化的深度和广度，对于古今中外泰山文化资料及研究成果的发掘、整理、集成、保存，都具有无与伦比的综合性、优越性和权威性，可谓集之大成；同时，作为文化平台，其建设有利于文化资源和遗产共享。

其次，对于泰山文化的研究，善莫大焉。文献资料是知识的积累，是前人智慧的结晶，是文化、文明的成果。任何研究离开资料，都是无米之炊。任何研究成果都是建立在资料的基础上。同时，每当新的资料出现，都会给研究带来质的变化。《中华泰山文库》囊括了典籍志书、学术著述、外文译著、口述影像多个门类，一方面为学术研究提供了所必需的文献资料，大大方便了研究者的工作；另一方面，宏富的文献资料便于研究者海选、检索、取舍、勘校，将其应用于研究，以利于更好地去伪存真、去粗取精，提高研究效率和研究质量。

再次，对于泰山文化的创新，善莫大焉。文化唯有创新，才会具有更强大的生命力。所以说，文化创新工作永远在路上。新时代泰山文化的创新，质言之，泰山文化如何引领新时代的精神文明，服务于新时代的精神文明建设，是一个重大课题。就其创新而言，《中华泰山文库》丛书的编纂本身就是一种立意高远的文化创新。它有目的、有计划、有系统地广泛征集、融汇泰山文献资料，集腋成裘，聚沙成塔，夯实了泰山文化的基础，成为泰山文化创新的里程碑。另外，外文书籍的编纂，开阔了泰山走向世界、世界了解泰山的窗口，对于泰山更好地走向世界、融入世界，具有重要的现实意义。而口述泰山的编纂，则是首开先河，把音频、影像等鲜活的泰山文化资料呈现给世人。《中华泰山文库》的富藏，为深入研究泰山的文化自然遗产，提供了坚实的物质保障。

最后，对于泰山文化的传承，善莫大焉。从文化的视角着眼，随着经济社会的发展变革，亟须深化对优秀传统文化重要性的认识，以进一步增强文化自觉和文化自信；通过深入挖掘优秀传统文化价值内涵，进一步激发其生机与活力；着力构建优秀传统文化传承发展体系，使人民群众得到深厚的文化滋养，不断提高文化素养，以增强文化软实力。毋庸讳言，《中华泰山文库》负载的正是这样一个优秀传统文化传承发展体系。如上所述，集成、研究、创新的最终目的，就是为了增强泰山文化的生命力，祖祖辈辈传承下去，延续、共享这一人类文明的文化成果。这是一个民族兴旺发达的源泉所在。《中华泰山文库》定会秉承本初，薪火相传，继往开来。

更为可喜的是，泰山自然学科资料的整理和研究，也是《中华泰山文库》的重要组成部分，无论是地质的还是动植物的文化资料，同样是珍贵的世界遗产。

中国共产党第十九次全国代表大会报告中指出："文化自信是一个国家、一个民族发展中更基本、更深沉、更持久的力量。必须坚持马克思主义，牢固树立共产主义远大理想和中国特色社会主义共同理想，培育和践行社会主义核心价值观，不断增强意识形态领域主导权和话语权，推动中华优秀传统文化创造性转化、创新性发展，继承革命文化，发展社会主义先进文化，不忘本来、吸收外来、面向未来，更好构筑中国精神、中国价值、中国力量，为人民提供精神指引。"这是我们编纂《中华泰山文库》丛书工作的指南。

编纂《中华泰山文库》丛书是一项浩繁的文化系统工程，要充分考虑到它的难度、强度和长度。既要有气魄，又要有毅力；既要正视困难，又要增强信心。行百里者半于九十，知难而进，迎难而上，才能善始善终地完成这项工作。这也是我的一点要求和希望。

值此《中华泰山文库》即将付梓之际，泰山风景名胜区管理委员会的同志嘱我为之作序，却之不恭，写下了以上文字。我晚年的座右铭是："品日月之光辉，悟天地之美德，立岱宗之弘毅，得荷花之尚洁。"所谓"弘毅"，曾子有曰："士不可以不弘毅，任重而道远。仁以为己任，不亦重乎？死而后已，不亦远乎？"故而，名序为：立岱宗之弘毅。

杨辛

2018年7月

序

鸟类是自然生态系统的重要组成部分，鸟类多样性是衡量一个地区生态环境状况的重要指标。鸟类在维护生态平衡中发挥着不可替代的作用，其绚丽多彩的羽毛、婉转悦耳的叫声、矫健轻盈的姿态，都给人类带来无穷的遐想和灵感，被誉为“大自然美丽的精灵”。

从古到今，鸟类与人类文明一直有着紧密的联系。《诗经》以雎鸠开篇，氏族以鸟为图腾，舞有《霓裳》，曲有《凤求凰》，民间还有喜鹊报喜、鹤寿千年、鸳鸯比翼的说法。

泰山素有“五岳之首”之称，被列入世界文化和自然遗产名录。唐代大诗人杜甫的著名诗篇《望岳》，“岱宗夫如何，齐鲁青未了。造化钟神秀，阴阳割昏晓。荡胸生层云，决眦入归鸟。会当凌绝顶，一览众山小”，就有远望泰山、群鸟归山的描绘。

泰山植被生长繁茂，属华北植物区系。作为百姓崇拜、帝王告祭的神山，历史上对泰山的开发破坏相对较少，至今还留下许多古树名木。茂密的森林及周边的湿地为鸟类提供了丰富的栖息地，但是，泰山鸟类资源调查却较为薄弱。记得12年前到泰山，谈起泰山的鸟类总数，泰山风景名胜区管理委员会的朋友告诉我泰山的鸟类一共记录到154种和亚种。当时我就感觉这个数字对于雄伟壮丽的泰山来说，实在是偏少了。因为那时已是冬季，我们只是在山脚下转了转，就发现了未在名录里记载的红尾水鸲等鸟种。

最近十几年来，泰山上活跃着这样一支队伍，他们披星戴月、爬冰卧雪，用镜头记录着泰山的鸟类。同时，为了保护泰山的鸟类，他们拆除着一张又一张捕鸟网，解救着一只又一只受困的动物，并到乡村、学校做着一场又一场的鸟类科普宣传，他们就是“泰山鸟窝”，一个自发的、民间的、凭着爱好和兴趣走到一起的“朋友圈”。它从最早的一个人，慢慢发展成为十几个人的小团队。

他们来自于不同的行业，有的甚至生活还十分艰辛，但凭着发自内心对自然的热爱，周末、节假日、上下班的路上，他们都在为泰山的鸟类保护做贡献。虽然他们没有在学校接受过专业的训练，但是他们硬是借助参考书、互联网，向鸟友、向专家求教，互相交流、互通有无、共同提高，将记录的真实性和艺术的创造性结合在一起，拍出了一幅幅生动的泰山鸟类生态照片。如今，泰山已被发现的鸟类的数量已经飙升到了324种和亚种，比过去翻了一倍还多，这其中蕴含着这个团队所有人艰辛的付出和不懈的努力，这种精神值得赞赏和发扬。

盛世修典，2016年，泰山风景名胜区管理委员会启动了《中华泰山文库》大型文化工程。欣闻《泰山鸟类图志》入选首批出版目录，这部书图文并茂，实用性强，对于鸟类学工作者和观鸟爱好者了解泰山地区的鸟类，具有重要的参考和应用价值。

中国科学院动物研究所研究员
中国动物学会鸟类学会副理事长

2017年10月13日

前 言

“世界上没有任何一座山能够像泰山那样左右一个民族的情感。”1987年，泰山被联合国教科文组织列入世界遗产名录，成为世界文化与自然双遗产，她将历史文化、自然景观、地质地貌、民俗信仰完美地融合在一起，被视为社稷稳定、政权巩固、国家昌盛、民族团结的象征，被誉为中国历史文化的缩影、中华民族的精神家园。

泰山风景区总面积452平方公里，位于山东省中部，属暖温带落叶阔叶林植物区系，森林覆盖率95.8%，植被覆盖率97%，是我国暖温带生物多样性最丰富的地区之一。

泰山的自然保护具有悠久的历史。先秦时期，帝王到泰山封禅就“为蒲车，勿伤山之土石草木”。秦始皇以后，历代帝王均有“勿伐草木”“近山十里禁止樵采”等保护泰山的诏书。历代帝王也大都设立山岳掌官、地方官员来管理这个国家的山岳、崇高的祭坛、国家（皇家）的园林。

泰山的自然保护与中国深厚的文化底蕴相结合，形成了泰山独有的生态文化意识，并一直影响着当地人的生活习惯。泰山是儒释道三教融合的圣地，儒家主张“仁爱”；道家主张“道法自然”；佛家则主张“博爱”“众生平等”。泰山当地的居民和游客仍然存在“万物有灵”的意识，对山中的动植物有着“不杀、不打、不惊扰”的习惯传统，有些动植物甚至被当作神灵来崇拜。

泰山的鸟类种类数量约占山东省的68.79%。明代汪子卿《泰山志》中记载了27种，既有常见的鸦、雀，也有鸨、鹰等珍禽。高宗岳（1937）在《泰山药物志》中记载了药用鸟类56种，其中包括部分家禽。李荣光（1960）记录鸟类51种和亚种。杜恒勤自1958年起对泰山的鸟类做了系统的研究，1995年统计泰山鸟类148种。本书共描述19目、63科、324种鸟类，比杜恒勤的记载多了176种，其原因大致如下：一是调查人员的数量、调查的频度和范围均超过以前。16名志愿者自发组成了一个小团队，长年利用周六、周日以及法定节假日，在泰山进行观鸟拍鸟活动，交流密切，互动性强。二是数码相机和互联网技术的发展，为鸟类调查和鉴定提供了良好的平台。三是泰山的生态环境越来越好。泰山的森林基本上都是20世纪50年代末的人工林，经过60年的演替，其生物多样性越来越丰富。自1999年以来，泰山全面停止喷洒高毒农药，特别是有机磷农药，为鸟类种群恢复和保护起到了积极的作用。四是全球气候变暖，可能导致原在南方分布的鸟类，如黑冠鹃隼*Aviceda leuphotes*、红翅凤头鹃*Clamator coromandus*、斑姬啄木鸟*Picumnus innominatus*等，在泰山繁殖留居。

泰山鸟类垂直分布十分明显。根据海拔高度、植被情况、鸟的习性和分布数量，基本上将泰山的鸟类分布划分为三个垂直分布带。海拔1200米以上为高山带，多分布松类、椴树等，气候也较寒冷，鸟的种类较少，多为隼形目和雀形目。500～1200米为中山带，植被比较丰富，松、柏、栎类种类繁多，鸟的种类也较多，主要有隼形目、雀形目、鸽形目、鹃形目和佛法僧目等。海拔500米以下的植被丰富，气温较高，鸟的种类最多。其中泰山脚下天平湖湿地、汶河流域的鸻鹬类，低山带的莺类和鹟类，在春秋迁徙季节数量众多。

泰山森林是原生次生林和人工林结合的产物。1948年，山东省政府建立了泰山林场，70年来，一直实行封闭管理，形成了相对独立的生态系统，是生物多样性的富集地，地位十分重要。经统计，泰山拥有5种中国鸟类特有种：黄腹山雀*Pardaliparus venustulus*、银喉长尾山雀*Aegithalos glaucogularis*、橙翅噪鹛*Trochalopteron elliotii*、乌鸫*Turdus mandarinus*、宝兴歌鸫*Turdus mupinensis*。国家一级保护鸟类4种：大鸨*Otis tarda*、黑鹳*Ciconia nigra*、东方白鹳*Ciconia boyciana*和金雕*Aquila chrysaetos*。国家二级保护鸟类38种：白额雁*Anser albifrons*、小天鹅*Cygnus columbianus*、大天鹅*C. cygnus*、鸳鸯*Aix galericulata*、小鸦鹃*Centropus bengalensis*、白枕鹤*Grus vipio*、灰鹤*G. grus*、小杓鹬*Numenius minutus*、白琵鹭*Platalea leucorodia*、鹗*Pandion haliaetus*、黑翅鸢*Elanus caeruleus*、凤头蜂鹰*Pernis ptilorhynchus*、黑冠鹃隼、高山兀鹫*Gyps himalayensis*、凤头鹰*Accipiter trivirgatus*、赤腹鹰*A. soloensis*、日本松雀鹰

A. gularis、雀鹰*A. nisus*、苍鹰*A. gentilis*、白腹鹞*Circus spilonotus*、白尾鹞*C. cyaneus*、鹊鹞*C. melanoleucos*、黑鸢*Milvus migrans*、灰脸𫛭鹰*Butastur indicus*、大𫛭*Buteo hemilasius*、普通𫛭*B. japonicus*、领角鸮*Otus lettia*、红角鸮*O. sunia*、雕鸮*Bubo bubo*、斑头鸺鹠*Glaucidium cuculoides*、纵纹腹小鸮*Athene noctua*、日本鹰鸮*Ninox japonica*、长耳鸮*Asio otus*、短耳鸮*A. flammeus*、红隼*Falco tinnunculus*、红脚隼*F. amurensis*、燕隼*F. subbuteo*、游隼*F. peregrinus*。世界自然保护联盟（*IUCN*）濒危物种红色名录，被评为易危及级别以上的10种，其中极危（*CR*）2种：青头潜鸭*Aythya baeri*、黄胸鹀*Emberiza aureola*；濒危（*EN*）1种：东方白鹳；易危（*VU*）7种：鸿雁*Anser cygnoides*、小白额雁*Anser erythropus*、红头潜鸭*Aythya ferina*、大鸨、白枕鹤、褐头鸫*Turdus feae*、田鹀*Emberiza rustica*。

鸟类是天空的乐章、大地的舞者，是大自然的馈赠、人类的朋友。世界上如果没有鸟，长空将会寂寞空虚，森林将会寂静无声，童心也会少一分欢乐，文学艺术将会失去不少情趣和魅力。为提高公众保护意识、建设“美丽泰山”、促进生态文明建设，为泰山生物多样性、自然景观保护和科学研究提供可靠、翔实的鸟类资料，进一步丰富泰山世界遗产的内涵，泰山风景名胜区管理委员会组建了编委会，在前人工作的基础上，多方收集影像、文献资料，既注重了科学性，又注重了科普性和艺术性，汇集形成了《泰山鸟类图志》一书，这是集体智慧的成果。在此，对曾对泰山鸟类研究做出贡献的前辈和同事们表示敬佩和感谢，对支持编委会工作的单位和个人，特别是徐克阳、朱雷博士等一并表示衷心的感谢。

由于水平所限，《泰山鸟类图志》难免有遗漏和不当之处，敬请广大读者批评指正。

《泰山鸟类图志》编辑委员会

2017年10月

使用说明

本书中鸟类的学名、中文名和英文名，以及分类系统，均参考《中国鸟类分类与分布名录》（第三版）。

Ⅰ.地理范围

本书的鸟类物种收录范围主要为泰山风景区、泰安市岱岳区的汶河流域和济南长清区的南部山区，面积约1400平方公里。

Ⅱ.生态类群

游禽：常在水中游泳生活的鸟类，腿一般较短且着生位置偏后，脚具有蹼。

涉禽：栖于水边涉水生活的鸟类，腿较长，不会或很少游泳。

陆禽：适于在地面步行的鸟类，腿健壮，包括鸡形目和鸽形目鸟类。

猛禽：主要捕食小动物或食腐的鸟类，嘴具钩，脚爪钩曲锐利，包括鹰形目、隼形目和鸮形目鸟类。

攀禽：多为树栖且善于攀树的鸟类，一般具有适应于攀援的足型，很多种类营巢于洞穴中。

鸣禽：擅长鸣叫、活动灵敏的鸟类，鸣管和鸣肌发达，生活习性多样，种类繁多，一般体型较小、善于营巢，包括雀形目鸟类。

Ⅲ.居留类型

留鸟：终年居留在出生地（繁殖地），不进行远距离迁徙的鸟类。

夏候鸟：对某一地区而言，夏季在此繁殖，秋季离开该地至低纬度地区越冬，第二年春季再返回该地繁殖的鸟类。

冬候鸟：对某一地区而言，冬季在此越冬，第二年春天离开该地迁徙至繁殖地，秋季又迁回该地的鸟类。

旅鸟：对某一地区而言，不在该地繁殖或越冬，仅在迁徙时经过该地的候鸟。

迷鸟：偏离正常的迁徙路线，偶然出现于分布区之外的候鸟。

Ⅳ. 身体各部名称和量度

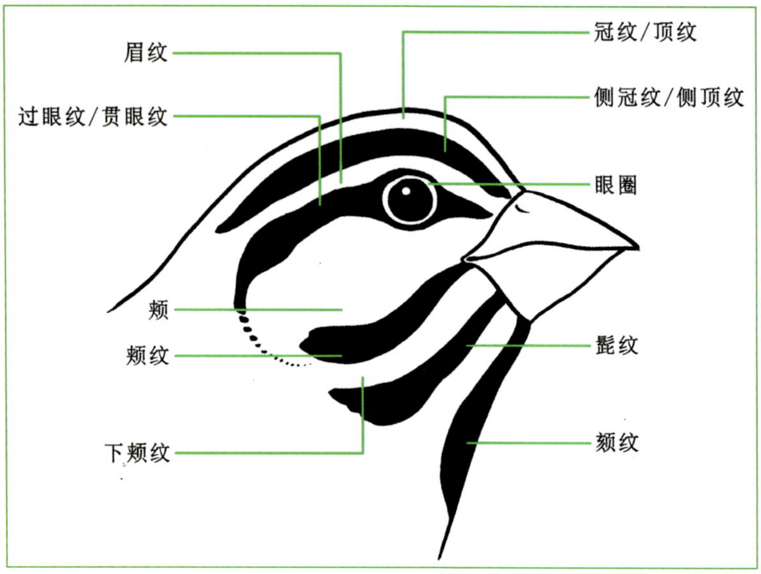

头部图纹（仿郑光美，绘图：李小麦）

体羽及飞羽分区名称（仿郑作新，绘图：李小麦）

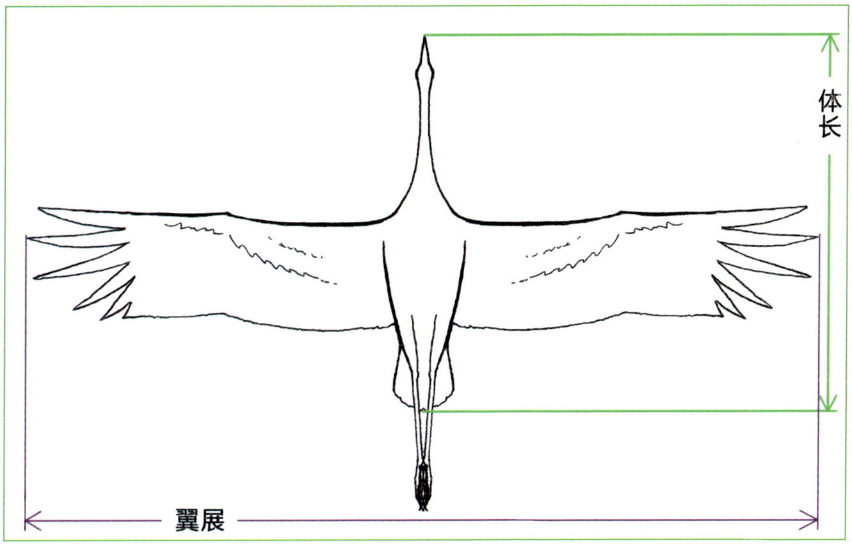

体长和翼展（绘图：任月恒）

Ⅴ.其他常见名词

早成鸟：雏鸟出壳后已充分发育，体表被有绒羽，眼睁开，能站立并随亲鸟觅食，如鸡形目和雁形目鸟类。

晚成鸟：雏鸟出壳时尚未充分发育，体表光裸或绒羽稀疏，未睁眼，不能站立，需亲鸟在巢内喂养一段时间才能独立生活，如雀形目鸟类。

繁殖羽（夏羽/婚羽）：鸟类繁殖期来临前所换上的羽装，持续于繁殖期，一般较非繁殖羽鲜艳。

非繁殖羽（冬羽）：鸟类繁殖期过后所换上的羽装，持续于越冬期，一般较繁殖羽暗淡。

蚀羽（褪色羽）：鸟类繁殖期过后，短期内换上的褪去明显繁殖特征的、色彩较为暗淡的体羽，典型如鸭类的雄鸟。

亚成鸟：鸟类未成年体羽的晚期，不再是幼鸟，但尚未性成熟。

Ⅵ.生僻字

雉 zhì	鸊鷉 pì tī	鸨 bǎo
鷭 fán	鸻 héng	鹬 yù
塍 chéng	杓 biāo	鹳 guàn
鲣 jiān	鸬鹚 lú cí	鹈 tí

鹮 huán	鹣 jiān	鹗 è
隼 sǔn	鸢 yuān	鹞 yào
鵟 kuáng	鹫 jiù	鸱鸮 chī xiāo
鸺鹠 xiū liú	鴷 liè	鵙 jú
鹟 wēng	鹪鹩 jiāo liáo	鹎 bēi
椋 liáng	鹛 méi	鸫 dōng
鸲 qú	鹡 jí	鹨 liù
鹡鸰 jí líng	鹀 wú	

Ⅶ.保护级别

根据《中华人民共和国野生动物保护法》，本书中出现的国家重点保护野生动物保护级别分为国家一级保护野生动物、国家二级保护野生动物和有重要生态、科学、社会价值的陆生野生动物，以及山东省重点保护野生动物。

Ⅷ.濒危等级

本书中出现的世界自然保护联盟（International Union for Conservation of Nature, IUCN）濒危物种红色名录中的物种濒危等级（按受胁状况由高到低排列）：

CR	极危	Critically Endangered
EN	濒危	Endangered
VU	易危	Vulnerable
NT	近危	Near Threatened
LC	低度关注	Least Concern

Ⅸ.新记录

鸟名后带*标注的鸟种为相较于20世纪80年代的新记录种。

X.页面布局

中文名
其他中文名或俗名
英文名
生态类群
目名
科名
新记录
拉丁名
雀形目 Passeriformes 鹟科 Muscicapidae
红尾水鸲 *
蓝石青儿
Rhyacornis fuliginosa
Plumbeous Water Redstart
图片
雄/摄影：刘国强
摄影作者
幼鸟/摄影：张艳然
雌/摄影：刘国强
图片说明
形态特征 体型较小的鸲类，体长13～14厘米。身体较为紧凑，整体色彩鲜明。雄鸟除尾羽外整体呈暗蓝色，眼先黑色，尾红色。雌鸟整体呈灰褐色，眼先和额沾棕黄色；两翼具两道点状白斑；胸、腹部灰色具白斑；尾基部、尾上和尾下覆羽白色，尾羽展开时尤其明显。幼鸟似雌鸟而身上多白色斑点。
生活习性 栖息于山涧溪流或山下的清澈河流处，单独或成对活动，常立于水边或水中突出岩石上，停立时尾常上下抖动，间或展开成扇形，并不断开合。当发现昆虫时从栖处飞起捕食，捕食后返回原处。受到惊扰时，常紧贴水面沿河飞行一小段距离。常发出单音节的、尾音上扬的“啾——”声，繁殖期雄鸟会发出一串似虫鸣的“嘟嘟嘟”叫声。繁殖期3～7月，营巢于水边石缝、墙洞中，巢由草茎、草叶、兽毛等编织而成。
分布居留 留鸟。见于泰山中山带、低山带和山下的河流处。
保护状况 IUCN:LC；国家保护的有重要生态、科学、社会价值的陆生野生动物。
343
页码
IUCN红色名录濒危等级
中国保护级别

目　录

鸡形目

GALLIFORMES

雉科

Phasianidae

体型多近似家鸡的陆禽；身体一般较为粗胖；多数种类雌雄异色，雄鸟色彩较为鲜艳；嘴似家鸡，上嘴略弯曲；翼短圆；脚较强健，后趾较短，雄鸟跗跖上常着生有距。通常为地栖，善走不善飞，生活于林地或灌草丛中。杂食，多数种类的婚配制度为一雄多雌制，营巢于地面上。雏鸟为早成鸟，出生不久即可在地面上行走，随亲鸟觅食。

石　鸡　山鸡　石鸡子

Alectoris chukar　Chukar Partridge

摄影：孙桂玲

形态特征　中等体型的鸡类，体长27～37厘米。整体呈灰色。眼黑色，眼周红色。头颈部有一黑色带，自眼先起，过眼至眼后，下延至颈侧，在胸前与另一侧黑带闭合。两胁白色，具有黑色和栗褐色并列的长横斑。腹部浅棕黄色。嘴和脚红色。

生活习性　栖息于山地多石的地区，常集群活动。主要以植物嫩叶、浆果、种子和昆虫为食。雄鸟常立于岩石顶端，发出一串"嘎啦、嘎啦"的叫声。繁殖期4～6月，营巢于乱石之间或山坡灌丛中，巢较为简陋。

分布居留　留鸟。仅见于泰山中、高山带多乱石的区域。20世纪80年代数量较多，今已少见。

保护状况　IUCN:LC；国家保护的有重要生态、科学、社会价值的陆生野生动物。

鹌 鹑 日本鹌鹑

Coturnix japonica Japanese Quail

摄影：冯立平

摄影：桑新华

形态特征 体小的陆禽，体长14～20厘米。身体短胖，尾短。嘴短，黑色。头顶至后颈羽毛褐色，羽端黄色，黄白色长眉纹延伸至颈部。背褐色，多黄白色纵纹，具有白色和黑色横斑。腹部灰白色。雄鸟繁殖羽脸及喉红棕色。雌鸟和雄鸟冬羽喉土黄色。雌鸟胸部具有黑色斑。

生活习性 栖息于平原和山下的农田、草地、多草的河床或水边。性隐蔽，遇到危险时常隐于草丛中，会在人走近时突然飞出，贴地面低飞后又隐入草丛。

分布居留 旅鸟。春季和秋季迁徙经过泰安，可见于城郊、汶河流域。

保护状况 IUCN:LC；国家保护的有重要生态、科学、社会价值的陆生野生动物。

环颈雉 *　雉鸡　山鸡　野鸡

Phasianus colchicus　Common Pheasant

雄/摄影：张培栋

雌/摄影：刘冰

雌/摄影：刘国强

形态特征　体大的鸡类，体长58～90厘米。雌雄差别显著。雄鸟头颈部羽毛多为具有金属光泽的绿色；头顶褐色，两侧具白色眉纹；脸及眼先皮肤裸出，为红色。本区域分布的亚种颈部下方具有白色环带。胸紫红色，腹黑色，两胁橙褐色，具有黑斑。上背羽毛褐色具白斑，下背和腰侧灰色，中央绿色，具深色细横斑。翅上覆羽褐黄相间，飞羽土黄色，布满深褐色横斑。尾上覆羽黄绿色。尾羽尖而长，土黄色，布满黑褐色横斑。雌鸟较雄鸟小，尾羽较短，整体呈土黄色，布满棕色或黑色斑纹。

生活习性　活动于山区和平原的林地、农田和草地，适应力强。杂食，食物随季节变化，夏季主要以昆虫和植物嫩芽为食，其他季节主食植物种子、嫩芽等，会刨土找食物。繁殖期3～7月，一雄多雌制，繁殖期间雄鸟常发出响亮的“咯！咯！”鸣声，鸣叫后常拍动双翼。营巢于草丛或灌丛的地面上，巢较简陋。

分布居留　常见留鸟。从泰山高山带到汶河流域皆有分布。

保护状况　IUCN:LC；国家保护的有重要生态、科学、社会价值的陆生野生动物。

雁形目

ANSERIFORMES

鸭科

Anatidae

本科包含种类众多的游禽。游泳姿态同鹅或鸭，飞行时颈向前伸直。嘴的侧边缘常布满锯齿状的细齿；身体较胖；腿位于身体后部，较短，脚的前三趾间有蹼，后趾短小；羽毛较厚而密，防水性好。常结群活动于水域，一般营巢于水边苇丛或灌草丛中，鹊鸭、鸳鸯和秋沙鸭类营巢于树洞中。雏鸟为早成鸟。

天鹅类体大，颈甚长，嘴扁，体羽色彩较为单一，雌雄同色。常将头颈伸入水下取食水草，主要吃植物性食物。飞行能力强。

雁类体大，颈长，嘴扁，雌雄同色。主要吃植物性食物，会在水边陆地上取食种子等。越冬时常结大群活动，飞行能力强。

麻鸭类体型较雁类小而大于其他鸭类，色彩一般较为鲜明，雌雄羽色相似，嘴扁而前端通常上翘。杂食性。

鸳鸯体型较小，雄鸟色彩鲜明而雌鸟灰暗，营巢于树洞中。

河鸭类为中小型的鸭类，种类众多，较大的如绿头鸭，较小的如绿翅鸭。雄鸟色彩鲜艳，雌鸟色彩暗淡。嘴扁，身体较显胖。杂食性，取食植物性食物相对较多，较少潜水。

潜鸭类体型中等，身形较为紧凑，嘴扁，腿的着生位置更偏后。雄鸟色彩较鲜艳，雌鸟色彩暗淡。擅长潜水，杂食性。

秋沙鸭类嘴较为细长而通常前端具钩，雌雄异色，擅长潜水捕鱼，主要食物为鱼虾等水生动物，营巢于树洞中。

大天鹅 黄嘴天鹅 天鹅 白天鹅 鹄 白鹅

Cygnus cygnus Whooper Swan

摄影：桑新华

摄影：桑新华

形态特征 大型游禽，体长120～160厘米。颈甚长，游泳时直立，飞行时伸直。全身羽毛白色。嘴端黑色；嘴基部的黄色向前下方延伸至鼻孔下方，整体似三角形，以区分于小天鹅。脚短，趾间具蹼，黑色。幼鸟偏灰色，嘴基粉红色。

生活习性 栖息于开阔而富有水生植物的河流、湖泊，主要以水生植物为食，偶尔也吃水生无脊椎动物。常结群活动，性机警。起飞前会在水上助跑。叫声单调高亢，略沙哑，有时似吹号声。

分布居留 少见的旅鸟。早春和深秋的迁徙季节可见于汶河流域等较大面积水域。

保护状况 IUCN:LC；国家二级保护野生动物。

小天鹅* 短嘴天鹅

Cygnus columbianus　Tundra Swan

摄影：张培栋

形态特征　大型游禽，体长110～135厘米，略小于大天鹅。体形似大天鹅而颈较短。全身羽毛白色。嘴端黑色；嘴基部的黄色较大天鹅小，不至鼻孔，整体呈梯形。脚黑色。幼鸟偏灰色，嘴基粉色。

生活习性　栖息于面积较大而富有水生植物的河流、湖泊，主要以水生植物为食，偶尔吃水生无脊椎动物，有时也吃谷类。常成小群活动，性机警。叫声单调高亢，有时似哨声。

分布居留　较少见的旅鸟。早春和深秋可见于汶河流域等较大面积水域。

保护状况　IUCN:LC；国家二级保护野生动物。

鸿 雁* 大雁

Anser cygnoid Swan Goose

摄影：孙桂玲

摄影：刘兆瑞

摄影：彭国胜

形态特征 大型游禽，体长约90厘米。颈长，飞行时伸直。嘴黑色，嘴基和前额间有一白细纹。头顶至后颈深棕色，前颈近白色。背、腰、翼上覆羽灰褐色，具白色细横纹。胸淡棕褐色，至腹部渐白，尾下覆羽白色。两胁深褐色，具白色细横纹。最长的尾上覆羽白色，尾深灰褐色而端白，飞行时尾的背面呈现一深色带。飞羽深灰褐色。脚橙色。此种是我国大规模驯养的家鹅的祖先，与家鹅区别在于其额前几乎无瘤状突起以及腹部较瘦。

生活习性 栖息于平原地区面积较大的河流、湖泊、沼泽及其附近草地、农田。主要以植物叶、芽和水草等为食。性机警。常结群活动，飞行时排成“人”字形或“一”字形队。鸣声清晰洪亮。

分布居留 较少见的旅鸟。春季和秋季可见于汶河流域、天平湖等较大面积水域。近年来该物种数量下降明显。

保护状况 IUCN:VU；国家保护的有重要生态、科学、社会价值的陆生野生动物。

短嘴豆雁　麦鹅

Anser serrirostris　Tundra Bean Goose

摄影：孙桂玲

摄影：孙桂玲

形态特征　大型游禽，体长69～80厘米。嘴黑色，前端有一橘黄色带斑。头和颈棕褐色，头部和颈背色略深。背和翼上覆羽深灰褐色，羽端白色，形成白色细横纹。飞羽灰褐色。胸淡棕色，至腹部色渐浅，两胁具有灰褐色横斑。尾上和尾下覆羽白色；尾羽黑褐色，末端白色。脚橙黄色。相较豆雁体型略小且颈较短，嘴较为短粗且嘴上黄色斑略大；头部形状似麻鸭类，而非豆雁的似天鹅类。

生活习性　栖息于平原地区开阔的水边草地、农田、河流、湖泊、沼泽等。主要以谷物和植物的叶、芽、块茎等植物性食物为主。性机警。常结大群活动，飞行时排成队，迁徙多在夜间进行。

分布居留　旅鸟或冬候鸟。深秋至次年春季可见于汶河流域、天平湖等较大面积水域。

保护状况　IUCN:LC；国家保护的有重要生态、科学、社会价值的陆生野生动物。

由豆雁*A. fabalis*的亚种*A. f. serrirostris*提升为种。

灰　雁* 沙鹅　红嘴雁

Anser anser　Graylag Goose

摄影：张艳然

摄影：刘兆瑞

形态特征　大型游禽，体长70～90厘米。嘴粉色。整体呈淡灰色。头和颈灰色，颈前侧色浅。背和翼上覆羽灰褐色，具有白色羽缘，形成白色细横纹。胸、腹淡灰褐色，腹部杂有褐色不规则斑纹。两胁羽毛灰褐色而端部灰白，形成横斑。下腹部、尾上覆羽和尾下覆羽白色。飞羽深灰褐色。尾羽黑褐色而端白。脚粉色。

生活习性　栖息于多水生植物的河流、湖泊、沼泽或水边草地。主要取食植物嫩芽、叶、块茎等，也吃谷类，偶尔吃水生无脊椎动物。在陆地上行走较为灵活，休息时常单脚站立。迁徙通常在夜间进行，飞行高度较高，有时边飞边鸣叫。

分布居留　少见旅鸟。春季和秋季可见于汶河流域、天平湖等较大面积水域。

保护状况　IUCN:LC；国家保护的有重要生态、科学、社会价值的陆生野生动物；山东省重点保护野生动物。

白额雁 *

Anser albifrons　Greater White-fronted Goose

摄影：刘冰

摄影：刘兆瑞

形态特征　大型游禽，体长64～80厘米。整体体色似灰雁而深。嘴肉粉色，上嘴基部至额有一显著的白斑。头、颈、胸灰褐色，头部和颈部背侧色较深。背、翼上覆羽及两胁羽毛深灰褐色，具有白色羽缘，形成白色细横纹，两胁的纹较密。腹污白色，杂有较明显的黑色不规则斑点。飞羽灰褐色。尾上覆羽和尾下覆羽白色。脚黄色。

生活习性　栖息于平原地区开阔的水边草地、水域、沼泽等，相对于水域更喜欢在陆地活动。主要取食水边的植物嫩芽、嫩叶、根、茎等。常成小群活动，在陆地上行走灵活，亦擅长游泳。飞行敏捷，迁飞时常排成单列飞行，边飞边鸣叫。

分布居留　少见旅鸟。春季和秋季可见于汶河流域等较大面积水域。

保护状况　IUCN:LC；国家二级保护野生动物。

小白额雁 *

Anser erythropus Lesser White-fronted Goose

摄影：刘冰

形态特征 中等体型的雁类，体长56～60厘米。似白额雁，与白额雁区别在于体型较小；体色相对较深；额部的白色面积较大，向上延伸至头顶部；眼周具金黄色眼圈；嘴和脚相对较短。

生活习性 栖息于平原地带开阔的草地和河流、湖泊、沼泽。一般成群活动，主要在陆地觅食，取食谷类、植物嫩叶、幼苗等。性机警，遇到危险时常四散逃走或游开。迁徙多在夜间进行。

分布居留 甚少见的旅鸟。春季和秋季可见于汶河流域等较大面积水域。此物种数量相对较少，近年来数量下降。

保护状况 IUCN:VU；国家保护的有重要生态、科学、社会价值的陆生野生动物；山东省重点保护野生动物。

赤麻鸭　黄鸭

Tadorna ferruginea　Ruddy Shelduck

摄影：张艳然

摄影：刘国强

摄影：刘国强

摄影：刘兆瑞

形态特征　体型较大的鸭类，体长51～68厘米。全身呈橙褐色，色彩鲜明。嘴黑色。头部白色，向下羽色逐渐过渡到颈部的橙褐色。翼上覆羽和翼下覆羽白色，翼镜（鸟翼上色彩鲜明的斑块，鸭类通常是次级飞羽）铜绿色，其余飞羽黑色。尾羽黑色。脚黑色。雄鸟颈部具一黑色细环带，相较雌鸟色彩略鲜艳。

生活习性　栖息于平原地带的水域、沼泽。非繁殖期一般成群活动，在水中或陆地取食植物的叶、芽、种子、谷物等，也吃一些水生无脊椎动物。繁殖期4～6月，营巢于平原、湖中岛屿等地的土穴中；雏鸟孵出后常由亲鸟带着雏鸟在水面活动。

分布居留　多为冬候鸟或旅鸟，有个别繁殖记录，可能是逃逸后野化的个体。可见于汶河流域、天平湖等较大面积的水域。

保护状况　IUCN:LC；国家保护的有重要生态、科学、社会价值的陆生野生动物。

翘鼻麻鸭 翘鼻鸭

Tadorna tadorna Common Shelduck

左雄右雌/摄影：刘冰

摄影：刘国强

形态特征 体型较大的鸭类，体长52～63厘米。色彩鲜明。身体羽毛大部分为白色。眼褐色。嘴红色，嘴端略上翘。头和上颈黑褐色，具绿色光泽。胸前有一栗色环带，环绕至背部。肩羽黑色，形成体侧的两条粗黑纵带。腹部中央有一粗黑纵带。翼镜具有绿色光泽，其余飞羽黑色。尾下覆羽浅棕色，尾羽末端为黑色。其余部位均白色。脚粉色。繁殖期雄鸟上嘴基部有一瘤状物。

生活习性 栖息于平原地带开阔的水域、沼泽。常结群活动，取食水生昆虫、螺、甲壳类、沙蚕等小型水生动物，也吃陆生的昆虫和一些植物性食物。

分布居留 冬候鸟或旅鸟。可见于汶河流域。

保护状况 IUCN:LC；国家保护的有重要生态、科学、社会价值的陆生野生动物。

鸳 鸯

Aix galericulata　Mandarin Duck

雄/摄影：张培栋

左雄右雌/摄影：刘兆瑞

形态特征　中等体型的鸭类，体长38～45厘米。雄鸟色彩鲜明而雌鸟灰暗。雄鸟嘴红色；头顶绿色具光泽，两侧具宽的白眉纹，枕部铜赤色的长羽与颈部后方紫绿色的长羽组成羽冠。颊黄褐色，颈侧羽毛矛状，红棕色。胸紫褐色，后部有两道白纹。背、腰和翼上覆羽深褐色，具绿色光泽。两胁褐色，腹部乳白色。翼上有一对栗黄色“帆羽”，停栖时直立于背部两侧。雌鸟无羽冠和“帆羽”，整体灰褐色，缺少光泽。嘴灰褐色。眼周白色，往后接一白色眉纹。喉、腹、尾下覆羽白色，胸和两胁暗棕色，杂有淡褐色斑纹。脚橙黄色。

生活习性　迁徙和越冬时常结群活动，会结上百只的大群，栖息于山地湖泊、河流、水库等水域和平原地带开阔的河湖或沼泽，繁殖期栖息于山地的水域。杂食，食物随季节变化，迁徙期和越冬期主要以植物性食物为主，繁殖期吃昆虫、小型鱼虾等动物性食物。性机警，遇惊扰立即飞走。

分布居留　较少见的旅鸟。迁徙季节可见于泰山中、低山带的水库和汶河流域。

保护状况　IUCN:LC；国家二级保护野生动物。

斑嘴鸭　花嘴鸭

Anas zonorhyncha　Eastern Spot-billed Duck

摄影：刘兆瑞

摄影：刘兆瑞

摄影：刘兆瑞

摄影：刘国强

形态特征　体型较大的鸭类，大小似绿头鸭，体长50～64厘米。雌雄相似。嘴黑色，端部有一黄色斑。整体羽色呈深褐色。脸、前颈及胸淡黄白色，与身体对比明显。三级飞羽外侧白色，停落时在体侧偏后部形成白斑。翼镜蓝紫色，具光泽。脚橙色。

生活习性　栖息于平原地带水生植物较多的水域。非繁殖期常结群活动，会与绿头鸭等其他鸭类混群。杂食，主要吃植物性食物，也吃一些水生无脊椎动物。多在晨昏至农田、河岸或水塘觅食，很少潜水。繁殖期5～7月，一般在河湖岸边的草丛中营巢。

分布居留　甚常见的鸭类，四季皆可见到，但春秋及冬季数量较多，冬候鸟及旅鸟的数量应多于留鸟和夏候鸟。见于汶河流域、天平湖、黄前水库等城郊的水域。

保护状况　IUCN:LC；国家保护的有重要生态、科学、社会价值的陆生野生动物。

绿翅鸭 小水鸭

Anas crecca Green-winged Teal

摄影：彭国胜

雄/摄影：孙桂玲

雌/摄影：刘兆瑞

雄/摄影：刘兆瑞

形态特征 小型鸭类，体长37厘米。雄鸟头和上颈主要为红棕色，自眼周向后有一具绿色光泽的宽斑；下颈、上背、肩和两胁具黑白相间的波状细纹；翼镜绿色，上下具白色带；下背、腰、翼上覆羽和初级飞羽灰褐色，尾上覆羽黑褐色，尾羽暗褐色。胸棕白色，具有深色圆斑；腹棕白色。尾下两侧各有一明显的黄色三角形斑，中央覆羽黑色。雌鸟整体呈灰褐色，多斑纹，深色的过眼纹在眼后较明显，颊和喉色浅，翼镜较雄鸟小，臀两侧白色具褐色斑。嘴和脚黑色。

生活习性 栖息于多水草的河流、湖泊、池塘等水域。性机警，结群活动，秋冬季节常结成大群，飞行迅速。常在浅水处觅食，很少潜水。冬季主要吃植物性食物，其他季节也吃一些水生无脊椎动物等。

分布居留 常见的鸭类，旅鸟或冬候鸟。常见于汶河流域、天平湖等水域。

保护状况 IUCN:LC；国家保护的有重要生态、科学、社会价值的陆生野生动物。

针尾鸭* 尖尾鸭

Anas acuta　Northern Pintail

雄/摄影：彭国胜

雄/摄影：孙桂玲

雌/摄影：彭刚

形态特征　中型鸭类，体长43～72厘米。雄鸟头深棕色；颈侧至胸前白色，颈背深褐色；背及两胁布满暗褐色和灰白相间细纹，远看呈灰色；肩羽长，黑色，具浅色羽缘；翼镜铜绿色，下缘白色，上缘砖红色；尾下覆羽黑色，前缘具有黄白色带斑；中央尾羽特别延长，黑色。雌鸟头颈褐色，身体深褐色而杂有浅色斑纹，无翼镜，尾较其他河鸭类雌鸟尖长。嘴黑色。脚灰黑色。

生活习性　栖息于开阔而多水草的水域，性机警，飞行迅捷，习性似绿翅鸭等其他河鸭类。

分布居留　旅鸟。较为少见，可见于汶河流域等水域。

保护状况　IUCN:LC；国家保护的有重要生态、科学、社会价值的陆生野生动物；山东省重点保护野生动物。

罗纹鸭* 扁头鸭

Mareca falcata　Falcated Duck

摄影：孙桂玲

左雄右雌/摄影：刘冰

雄/摄影：刘冰

形态特征　中等体型的鸭类，体长40～52厘米。雌雄差异显著。雄鸟嘴黑色，头颈主要为具光泽的绿色，头顶深栗色，喉白，额基部有一小白斑；颈基部具有一黑色横带；身体主要呈灰色；胸布满褐色鳞状斑；三级飞羽细长弯曲，羽干白色而两侧黑色，停落时盖过尾部；尾下两侧具有黄色三角形斑块，斑块边缘黑色；翼镜墨绿色，具光泽。雌鸟嘴灰黑色，头部灰褐色，身体黄褐色杂有深褐色斑。脚灰黑色。

生活习性　栖息于河流、湖泊等水域。成对或成群活动，常与其他鸭类混群。习性似其他河鸭类，常在晨昏活动，在浅水处或水边草地、农田取食水草、谷物等，偶尔吃螺、虾等动物性食物。

分布居留　较少见的旅鸟或冬候鸟。可见于汶河流域。

保护状况　IUCN:NT；国家保护的有重要生态、科学、社会价值的陆生野生动物。

赤膀鸭

Mareca strepera　Gadwall

左雌右雄/摄影：孙桂玲

左雌右雄/摄影：彭国胜

形态特征　中等体型的鸭类，体长44～55厘米。雄鸟整体羽色呈灰褐色；嘴黑色；有一道深褐色的过眼纹；头顶、颈部背侧至上背深褐色，背部、两胁褐色并具有白色鳞状细纹，胸前杂有细白斑；腹白色；尾上覆羽及尾下覆羽黑色，形成黑色的臀；翼镜由并列的黑白色块组成，翼上有一棕栗色斑。雌鸟似雄鸟但整体更偏褐色，胸、背黄褐色杂有深色斑，翼上无棕栗色斑，翼镜的黑色不显著，嘴橙黄色而上嘴中央黑色。脚橙黄色。

生活习性　栖息于平原地区的水域及附近。常于晨昏在水边草丛中取食水生植物等，有时到陆地上取食草籽、谷物等。白天通常在开阔水面上休息。

分布居留　旅鸟或冬候鸟。可见于汶河流域。

保护状况　IUCN:LC；国家保护的有重要生态、科学、社会价值的陆生野生动物；山东省重点保护野生动物。

赤颈鸭 *

Mareca penelope　　Eurasian Wigeon

雄/摄影：孙桂玲

左雄右雌/摄影：刘冰

形态特征　中等体型的鸭类，体长41～52厘米。雌雄差异明显。嘴浅灰色而先端色深。雄鸟头、颈主要为棕红色，额至头顶前部有一黄色纵带；胸浅红棕色，背、两肋灰色，具有细密的波状斑纹；腰近白色，两肋后部白色；翼上覆羽白色，翼镜绿色，具有光泽，前后具有黑缘；三级飞羽延长，腹部白色，尾下覆羽黑色。雌鸟整体呈棕色，相较其他河鸭类雌鸟，身体有不具明显的斑纹，翼镜暗灰色。

生活习性　栖息于多水草的河流、湖泊等水域。习性似其他河鸭类，通常成群或与其他鸭类混群活动，常在水边草丛中取食水生植物等，有时到陆地上取食草籽、谷物等。

分布居留　旅鸟或冬候鸟。可见于汶河流域。

保护状况　IUCN:LC；国家保护的有重要生态、科学、社会价值的陆生野生动物。

琵嘴鸭* 铲土鸭

Spatula clypeata Northern Shoveler

摄影：彭国胜

左雌右雄/摄影：张培栋

雌/摄影：孙桂玲

形态特征　中等体型的鸭类，体长43～51厘米。嘴扁平，端部扩大成铲状。雌雄差异显著。雄鸟色彩鲜明；嘴黑色；头和上颈暗绿色，具金属光泽；胸白色，背黑色，背两侧白色，腹部和两胁栗色；翼上小覆羽和中覆羽灰蓝色，翼镜绿色具金属光泽；尾下覆羽黑色。雌鸟似绿头鸭雌鸟而较小，嘴形不同；嘴黄褐色；身体褐色具有深色斑；翼镜绿色。脚橙红色。

生活习性　多栖息于平原地区的水域。觅食时常会在水中左右晃动嘴部或者在水中滤食。主要吃螺、甲壳类等水生无脊椎动物，也吃一些水藻等植物性食物。

分布居留　旅鸟或冬候鸟。可见于汶河流域。

保护状况　IUCN:LC；国家保护的有重要生态、科学、社会价值的陆生野生动物。

白眉鸭 小石鸭

Spatula querquedula Garganey

左雌右雄/摄影：孙桂玲

雄/摄影：张艳然

形态特征 小型鸭类，体长34～41厘米。雄鸟嘴黑色；头部有一显著的宽阔白色眉纹，延伸到头后；头顶黑褐色，具白色细纹；头颈其余部分和胸为褐色，杂有白色细纹；内侧肩羽细长，具有黑白色纵列，覆盖于身体两侧；背至尾褐色，具浅棕色羽缘；翼上覆羽灰色，翼镜绿色，上下缘白色；腹部棕白色，两胁和下腹杂有灰褐色波状细纹。雌鸟似绿翅鸭、花脸鸭的雌鸟，但具有上下两道浅色眉纹。

生活习性 栖息于开阔而多水草的河流、湖泊、池塘等水域，常集群活动，习性似绿翅鸭等其他河鸭类。

分布居留 旅鸟或冬候鸟。较为少见，可见于汶河流域等水域。

保护状况 IUCN:LC；国家保护的有重要生态、科学、社会价值的陆生野生动物。

花脸鸭* 眼镜鸭

Sibirionetta formosa　Baikal Teal

左雌右雄/摄影：孙桂玲

形态特征　小型鸭类，体长37～44厘米。雄鸟繁殖羽脸部具有显著的花斑，头顶棕褐色，脸部大部分为乳黄色，眼下方有一道黑纹；眼后方有一具有白色边缘的绿色宽带，直到前颈，呈半月形；喉黑褐色；肩部羽毛细长，具有黑、白、褐三色纵列；上背和两胁灰色，下背至尾褐色；翼镜前为绿色，后为黑色，末端边缘白色；胸淡棕色，杂满深色点斑；腹部白色；胸侧和尾基部两侧各有一垂直于身体方向的白色带；尾下覆羽黑色。雌鸟似绿翅鸭雌鸟，但嘴基部有一白色斑。嘴黑色，脚灰黑色。

生活习性　栖息于多水草的河流、湖泊、池塘等水域，喜欢集群活动，习性似其他河鸭类，主要吃植物性食物，也吃一些螺类等小型水生动物。

分布居留　旅鸟或冬候鸟。较为少见，可见于汶河流域等水域。

保护状况　IUCN:LC；国家保护的有重要生态、科学、社会价值的陆生野生动物。

红头潜鸭 * 红头鸭

Aythya ferina Common Pochard

摄影：孙桂玲

左雄右雌/摄影：彭国胜

雄/摄影：刘兆瑞

形态特征 中型鸭类，体长41～50厘米。雄鸟色彩鲜明。眼红色；嘴端部黑色，前部浅灰色，基部深灰色；头和上颈棕红色，下颈和胸棕黑色；背、肩浅灰色，具深色波状细纹；翼上覆羽灰色，飞羽灰白，初级飞羽末端深灰色；腹部和两胁白色，腰、尾上覆羽、尾下覆羽黑色，尾灰黑色。雌鸟眼褐色，嘴的浅灰色区域较小，头至胸褐色，眼后有一白纹，颏和喉棕白色；褐色的背部多杂有浅色斑；下体褐色，杂有浅色斑。

生活习性 栖息于多水草的河流、湖泊、池塘等水域，常成群活动，擅长潜水，会通过潜水躲避危险和觅食，也会如其他鸭类在浅水处将头扎入水下觅食。主要吃水藻、植物根茎、嫩芽等植物性食物，也吃螺、虾、小鱼等动物性食物。

分布居留 旅鸟或冬候鸟。可见于汶河流域、天平湖等水域。

保护状况 IUCN:VU；国家保护的有重要生态、科学、社会价值的陆生野生动物。

白眼潜鸭 *

Aythya nyroca　Ferruginous Duck

左雌右雄/摄影：彭国胜

形态特征　中型鸭类，体长33～43厘米。嘴灰色，先端黑色。雄鸟眼白色，头、颈和胸棕栗色，颈基部深褐色，背部深褐色，腰和尾上覆羽黑色，两胁棕色，上腹白色，下腹淡褐色，浮于水面时体侧见不到腹部的白色。尾下覆羽白色。雌鸟似雄鸟而眼棕色，头颈褐色。脚灰色。

生活习性　栖息于多水草、芦苇的平静水域，性隐蔽且警惕。迁徙季节和冬季常成群活动，会与其他鸭类混群。擅长潜水，会通过潜水躲避危险和觅食。以植物性食物为主，也吃一些螺、虾、水生昆虫等动物性食物。

分布居留　旅鸟。可见于汶河流域等水域。

保护状况　IUCN:NT；国家保护的有重要生态、科学、社会价值的陆生野生动物。

青头潜鸭 *

Aythya baeri Baer's Pochard

雄/摄影：段文科

雌/摄影：何山

雄/摄影：刘冰

形态特征 中型鸭类，体长42～47厘米，略大于白眼潜鸭，头身比相对白眼潜鸭略大。嘴灰色，嘴端和基部黑色。雄鸟眼青白色，头和颈黑绿色，具有光泽；胸暗棕色，背部黑褐色，腹部白色延伸至两胁，浮于水面上时可见两胁褐色与白色相杂；尾下覆羽白色。雌鸟眼褐色，整体似白眼潜鸭雌鸟，但嘴基部有一个红栗色斑，两胁褐白相杂。

生活习性 栖息于多水草和芦苇的河流、湖泊、池塘等平静的水域，性隐蔽且警惕。迁徙季节和冬季常成群活动，会与其他鸭类或骨顶鸡混群。擅长潜水，会通过潜水躲避危险和觅食。杂食，食物为水草、植物根茎、嫩芽等植物性食物，以及螺、虾、水生昆虫等动物性食物。

分布居留 少见旅鸟。可见于汶河流域等水域，但在东平湖夏季有记录，疑在该地有繁殖。该物种近年来数量下降剧烈，现在数量稀少。

保护状况 IUCN:CR；国家保护的有重要生态、科学、社会价值的陆生野生动物。

凤头潜鸭 *

Aythya fuligula　Tufted Duck

前雄后雌/摄影：彭国胜

形态特征　中型鸭类，体长34～49厘米。眼金黄色，嘴蓝灰色而端部黑色。雄鸟色彩为黑白相间，头后具羽冠；头、颈、胸、背均为黑色，尾黑褐色，两胁和腹部白色。雌鸟头、颈和背黑褐色；头后羽冠较短；上胸淡黑褐色；下胸、腹和两胁灰白色，杂有褐色斑；尾下覆羽黑褐色。

生活习性　栖息于河流、湖泊、池塘等开阔的水域，性隐蔽且警惕。迁徙季节和冬季常成群活动，会与其他鸭类混群。擅长潜水。白天觅食，食物主要为螺、虾、水生昆虫、小鱼等动物性食物，也吃一些水生植物。

分布居留　旅鸟。可见于汶河流域等水域。

保护状况　IUCN:LC；国家保护的有重要生态、科学、社会价值的陆生野生动物。

鹊　鸭 *

Bucephala clangula　　Common Goldeneye

雄/摄影：彭国胜

雌/摄影：桑新华

摄影：桑新华

形态特征　中型鸭类，体长约50厘米。眼金黄色。雄鸟嘴黑色，头和上颈黑色并具有绿色金属光泽，近嘴基处有一白色大圆斑；背至尾黑色；内侧肩羽黑色，外侧肩羽白色而有黑色缘，覆盖体侧，形成被黑色细纹隔断的白斑；尾下覆羽黑褐色；翼大体为黑褐色，具有大型白斑；身体其他部分白色；雌鸟嘴角质褐色，头和上颈褐色，下颈至胸淡灰褐色，背至尾及两胁灰褐色，翼上的白色斑中央有两道深色横纹。脚趾黄色，蹼黑色。
生活习性　栖息于开阔平静的水域。迁徙季节和冬季常成群活动。擅长潜水，平时浮在水面，时而潜水觅食，食物主要为螺、虾、水生昆虫、小鱼、蝌蚪等小型水生动物。繁殖时通常营巢于树洞中。
分布居留　旅鸟。可见于汶河流域等水域。
保护状况　IUCN:LC；国家保护的有重要生态、科学、社会价值的陆生野生动物。

斑头秋沙鸭* 白秋沙鸭

Mergellus albellus　Smew

摄影：刘冰

雌/摄影：彭国胜

形态特征　小型鸭类，体长约34～46厘米。雄鸟身体主要呈白色；眼红色，眼周和眼先黑色；头后有白色羽冠，其下方黑色；背中央黑色，体侧有一黑色纵线，胸侧有两条黑色斜线；腰至尾灰色，两肋具有灰褐色波状细纹；翼主要为灰黑色，上面有一大白斑。雌鸟眼褐色，眼周及头顶至后颈棕褐色，喉白，前颈基部至胸浅灰色，背至尾黑褐色，肩和两肋灰褐色，翼上的白斑相对雄鸟较小。嘴和脚灰色。

生活习性　栖息于开阔平静的水域，常成群活动。白天觅食，常在游水面，频频潜水。擅长捕鱼，也吃一些软体动物、甲壳类、水生昆虫等水生无脊椎动物，很少吃植物性食物。繁殖时营巢于树洞中。

分布居留　旅鸟或冬候鸟。可见于汶河流域等水域。

保护状况　IUCN:LC；国家保护的有重要生态、科学、社会价值的陆生野生动物。

普通秋沙鸭 *

Mergus merganser Common Merganser

摄影：刘国强

雌/摄影：彭国胜

雄/摄影：孙桂玲

形态特征 体型较大的鸭类，体长约54～68厘米。嘴长，先端具钩，暗红色。雄鸟头和上颈黑色，具绿色金属光泽，头后有羽冠；上背和内侧肩羽黑褐色，外侧肩羽白色，下背至尾灰色，尾羽色深；翼主要为深灰褐色，大覆羽、中覆羽和次级飞羽白色，形成一大的白斑。雌鸟头褐色，翼上次级覆羽灰色，喉白而略沾棕色，体侧灰白。脚橘红色。

生活习性 栖息于河流、湖泊等开阔的水域，常成群活动。白天觅食，常在游水面，频频潜水。擅长潜水和捕鱼，也吃一些水生无脊椎动物。繁殖时营巢于树洞中。

分布居留 旅鸟或冬候鸟。可见于汶河流域等水域。

保护状况 IUCN:LC；国家保护的有重要生态、科学、社会价值的陆生野生动物；山东省重点保护野生动物。

红胸秋沙鸭*

Mergus serrator　Red-breasted Merganser

雄/摄影：段文科

雌/摄影：彭国胜

形态特征　体型较大的鸭类，体长约52～60厘米。眼红色，嘴红色。雄鸟头黑色，头后有长而细的羽冠；上颈白色，下颈至胸棕红色而杂有黑褐色斑；背和内侧肩羽近黑色，外侧肩羽白色，腰至尾灰褐色；翼由黑褐色和白色斑块组成，大覆羽、中覆羽白色而端部黑色，次级飞羽白色而具黑色羽缘，翼其余部分黑褐色；翼折叠时前方覆盖有白色而具黑色羽缘的羽毛；两胁布满黑白相间的细纹，远看整体呈灰色。雌鸟似普通秋沙鸭雌鸟，头、后颈以及颈侧棕褐色，羽冠较短，眼先白色，喉、前颈、上胸近白色；背至尾为灰褐色；两胁浅灰褐色，腹至尾下覆羽白色；与普通秋沙鸭主要区别为体型较小，头部褐色区域逐渐过渡到近白色而非普通秋沙鸭的界限分明，飞行时次级飞羽上方可见两道黑斑，羽冠较明显。

生活习性　栖息于沿海河口、海湾以及近海的河流、湖泊等水域，常成小群游在水面，频频潜水，很少到陆地上。擅长潜水和捕鱼，也吃一些水生无脊椎动物。

分布居留　少见旅鸟。见于汶河流域。

保护状况　IUCN:LC；国家保护的有重要生态、科学、社会价值的陆生野生动物。

䴙䴘目

PODICIPEDIFORMES

䴙䴘科

Podicipedidae

中小型游禽；外观整体较似鸭类，但嘴直而尖；颈较细长，浮在水面时垂直于身体；身体较宽，羽毛防水性好，腹部羽毛厚而密；翼较为短圆；尾甚短，几乎不见；脚位于身体后部，各脚趾上均具有瓣状蹼。常凫游于水上，擅长潜水捕鱼，很少上岸。巢为浮巢，雏鸟为早成鸟，出生不久即可下水游泳。

小䴙䴘　水葫芦　水鸡子

Tachybaptus ruficollis　Little Grebe

非繁殖羽/摄影：刘兆瑞

繁殖羽/摄影：刘兆瑞

摄影：孙桂玲

形态特征　体小的游禽，体长25～32厘米。嘴尖，身体短胖，尾短。头顶黑色，腹及臀白色。繁殖羽颊和颈部红棕色；嘴主要呈黑色，下嘴基部黄色；背部黑褐色，胸和两胁灰褐色。非繁殖羽颊、颈部和两胁呈浅黄褐色；下嘴全为黄色；背部灰褐色。幼鸟头颈具黑白相间纵纹，背褐色有斑。

生活习性　常成小群于河流、湖泊、池塘等水体活动，平时凫于水上，时常发出一串清脆响亮的叫声。擅于潜水，很少上岸，受惊扰时常在水面上低飞或潜水。主要食物为小型鱼类以及水生无脊椎动物等。繁殖期5～7月，营巢于芦苇等挺水植物丛中，浮巢，由植物编织，浮于水上。

分布居留　甚常见的水鸟。在泰山低山带至汶河流域的河流、湖泊、水库等水体都有分布。一年四季均可见到，为冬候鸟，夏候鸟或留鸟。

保护状况　IUCN:LC；国家保护的有重要生态、科学、社会价值的陆生野生动物。

凤头䴙䴘　水老鸹　张八狗

Podiceps cristatus　Great Crested Grebe

摄影：张培栋

摄影：彭国胜

形态特征　体型最大的䴙䴘，体长45～50厘米。嘴长而尖；颈较长，向上伸直。眼近红色；颈部背侧黑褐色而其他区域白色；背部灰褐色，下体近白色。繁殖羽头顶黑色并在后方具两束黑色羽冠；头下部具基部棕色而端部黑色的鬃毛状装饰羽，形似“络腮胡”，求偶时可张开。非繁殖羽无羽冠和装饰羽，整体色彩较繁殖羽暗淡。

生活习性　栖居于平原地带多芦苇等挺水植物的水域，对栖息地环境条件的要求高于小䴙䴘。常成对或成家庭活动，食鱼，擅长潜水。春季求偶时，雌雄鸟互相对视，伸颈、点头，有时嘴里衔有水草。繁殖期5～10月，浮巢，育雏时成鸟有时会背负幼鸟活动。

分布居留　可见于汶河流域的较大面积的水体。一年四季均可见到，为夏候鸟、冬候鸟或留鸟。

保护状况　IUCN:LC；国家保护的有重要生态、科学、社会价值的陆生野生动物；山东省重点保护野生动物。

绿头鸭 大头绿

Anas platyrhynchos Mallard

左雄右雌/摄影：张培栋

摄影：张培栋

形态特征 体型较大的鸭类，体长47～62厘米。雌雄差异显著。雄鸟色彩鲜明，嘴黄色；头颈绿色，具金属光泽，下方有一白环；胸紫栗色，具光泽；背深褐色，腰至尾上覆羽黑色；腹部、两胁灰色；两对中央尾羽向上卷曲，黑色；其他尾羽白色；翼灰色，翼镜蓝紫色，上下各有一宽的白边，飞行时显著。雌鸟整体呈灰褐色，多深褐色斑纹；嘴黑褐色，嘴端和边缘橙褐色；翼镜似雄鸟；脚橙黄色。

生活习性 栖息于平原地带水生植物较多的水域。非繁殖期一般结群活动，常会与其他鸭类混群，适应力较强。杂食，主要以水生植物、谷类等为食，也吃一些水生无脊椎动物。多在晨昏觅食，很少潜水，白天常见立于沙洲、草丛或冰面上休息。繁殖期4～6月，在水畔或水中岛上的草丛处营巢。雏鸟出壳后跟随成鸟活动。

分布居留 甚常见的鸭类，四季皆可见到，但春秋及冬季数量较多，冬候鸟及旅鸟的数量应多于留鸟和夏候鸟。见于汶河流域、天平湖、黄前水库等城郊的水域。

保护状况 IUCN:LC；国家保护的有重要生态、科学、社会价值的陆生野生动物。

角䴙䴘 *

Podiceps auritus　　Horned Grebe

繁殖羽/摄影：王兴娥

非繁殖羽/摄影：刘兆瑞

形态特征　中型游禽，体长30～39厘米。眼红色，嘴黑色，嘴尖近白色。繁殖羽的头、后颈至背部为黑色，过眼纹橙色，眼后有一簇金色装饰羽，向后方展开，并像角一样向上突出头部，求偶时头部羽毛可蓬起；颈其余部分、胸、两胁为栗色，腹和尾下覆羽白色；翼上覆羽灰褐色，大覆羽内侧为白色，飞羽主要为黑褐色，次级飞羽上有大型白斑，翼下面主要为白色。非繁殖羽眼上方的头顶以及上体黑褐色；喉、前颈至胸、腹、两胁皆为白色；次级飞羽白色，飞行时明显。似黑颈䴙䴘而体大，主要区别为颈部色彩不同，嘴部较直而不似黑颈䴙䴘的略上弯。

生活习性　迁徙时成对或成小群栖于距离海域较近的淡水水域以及河口、近海海面等，擅长潜水捕食鱼和水生无脊椎动物，飞行较其他䴙䴘快速。

分布居留　少见的旅鸟。见于汶河流域。

保护状况　IUCN:LC；国家保护的有重要生态、科学、社会价值的陆生野生动物。

黑颈䴙䴘

Podiceps nigricollis　Black-necked Grebe

非繁殖羽/摄影：唐远均

繁殖羽/摄影：桑新华

形态特征　中型游禽，体长30厘米左右。下嘴嘴尖微上翘。眼红色。繁殖羽头颈至背部黑色，眼后有一簇金黄色丝状饰羽呈扇状展开；两胁红褐色，腹部白色。非繁殖羽头部无饰羽，喉灰白，前颈及颈侧灰褐色，胸侧和两胁灰白夹杂灰黑色。

生活习性　成对或成小群栖于岸边植物较多的湖泊、池塘、河流等水域，擅长潜水捕食鱼和水生无脊椎动物。

分布居留　少见的旅鸟或冬候鸟。20世纪80年代在黄前水库等地有越冬记录，近年来无观测记录。

保护状况　IUCN:LC；国家保护的有重要生态、科学、社会价值的陆生野生动物；山东省重点保护野生动物。

鸽形目

COLUMBIFORMES

鸠鸽科

Columbidae

中等大小的鸟类，体形似家鸽；头小，嘴较短，嘴基的鼻部膨胀而柔软；身体较圆胖，腿较短。一般成对或成群活动，起飞时鼓翼有力，以植物种子、果实为食。巢一般较简陋。

岩鸽 野鸽

Columba rupestris Hill Pigeon

摄影：孙桂玲

形态特征 中等体型的鸟类，体形和外貌似家鸽，体长29～35厘米，整体羽色亦似家鸽。嘴黑色。头、颈深灰色，颈下部和上胸具绿色和紫色金属光泽。背、肩和翼灰色，翼上具两道黑色带。下背白色，腰至尾上覆羽深灰色，尾中部白色而末端深灰色。飞行时腰上方和尾部两处白色区域明显。下胸灰色，腹近白色。脚红色。

生活习性 多栖息于有岩石和峭壁处，也会到山下平原农地觅食。常结群活动，取食种子、谷物、果实、块茎等植物性食物。鸣声似家鸽。繁殖期4～7月，通常营巢于峭壁的石缝或石洞中。

分布居留 留鸟。可见于泰山山区。

保护状况 IUCN:LC；国家保护的有重要生态、科学、社会价值的陆生野生动物。

山斑鸠　斑鸠

Streptopelia orientalis　Oriental Turtle Dove

摄影：刘兆瑞

摄影：刘冰

形态特征　中等体型的鸟类，体长28～36厘米。体形似家鸽，整体呈褐色。嘴灰色。眼橙黄色。头、颈、胸、腹呈浅棕灰色，额至头顶前部蓝灰色，颈侧具由黑色与浅灰相间的横纹组成的颈斑。上背和翼覆羽褐色，具红棕色羽缘，形成鱼鳞状斑纹。飞羽深褐色，具浅褐色羽缘。下背灰色，具浅灰色羽缘。尾上覆羽褐色，具灰色羽缘。尾羽深褐色，具浅灰色羽端，外侧尾羽较内侧更为明显。脚洋红色。

生活习性　栖息于山地和平原的林地、农田、近山的城市园林等。成群或成对活动，常在林下地面或农田取食种子、谷物、果实等。叫声甚有特点，为沙哑的“古—咕、咕—古”声。繁殖期一般为4～7月，通常营巢于树上，巢较简陋，盘状，由树枝松散交错筑成。

分布居留　常见留鸟。广泛分布于泰山山区、城郊和汶河流域。

保护状况　IUCN:LC；国家保护的有重要生态、科学、社会价值的陆生野生动物。

珠颈斑鸠

Streptopelia chinensis　　Spotted Dove

摄影：刘冰

形态特征　中等体型的鸟类，体长27～34厘米，略小于家鸽。整体呈灰褐色。前额至头顶由蓝灰色渐变为粉灰色，头其余部分和颈、胸、腹为粉褐色，颈侧具有黑白相间的细点组成的颈斑。背、腰和翼上覆羽褐色，飞羽深褐色，两胁、翼下覆羽和尾下覆羽灰色。中央尾羽深褐色，其余尾羽黑色，端部白色，展开尾羽时在尾两侧形成明显的白斑。脚紫红色。

生活习性　栖息于平原地区和低山丘陵的林地、农田、草地等，适应力较强，甚至出现在城市建筑区。一般成对或结小群活动，常见其在树上或建筑物上停栖，觅食多在地面进行，主要取食种子、谷物等。鸣声甚有特点，为沙哑而洪亮的“咕—咕—咕—”声。繁殖期一般为3～7月，有时甚至11月仍有繁殖。巢甚简陋，平盘状，由树枝松散而稀疏地搭建而成，一般筑于树上，有时甚至筑巢于居民阳台的花盆中。卵白色，无斑，雌雄轮流孵卵。

分布居留　甚常见的留鸟。广泛分布于泰山低山带、城区、城郊至汶河流域。

保护状况　IUCN:LC；国家保护的有重要生态、科学、社会价值的陆生野生动物。

火斑鸠　红鸠

Streptopelia tranquebarica　Red Turtle Dove

雌/摄影：孙桂玲

雄/摄影：孙桂玲

形态特征　体型较小的鸠鸽类，体长20～23厘米。嘴黑色，眼暗褐色。雄鸟头、颈蓝灰色，颈后至颈两侧有一黑色半环带，其上方有一白色细带；颏和喉上部近白色，喉下部至腹部、背、翼上覆羽酒红色；飞羽黑褐色；腰、尾上覆羽和中央尾羽蓝灰色，其他尾羽灰黑色，端部白色；尾下覆羽白色。雌鸟头顶为淡灰褐色，黑色颈环较雄鸟窄，身体大部分羽毛为褐色，尾下覆羽灰色。脚红褐色。

生活习性　栖息于平原地区的林地、果园、田野、林缘和低山的林地等。成对或成群活动，以种子、果实、谷物为食，偶尔也吃昆虫。繁殖期5～7月，营巢于林中乔木上，巢较简陋。

分布居留　不常见的夏候鸟。分布于汶河流域。

保护状况　IUCN:LC；国家保护的有重要生态、科学、社会价值的陆生野生动物。

夜鹰目
CAPRIMULGIFORMES

夜鹰科

Caprimulgidae

中等偏小的鸟类；夜行性，整体色彩为斑驳的褐色，似树皮；喙短小，但嘴基部甚为宽阔，嘴角具嘴须；头大而扁，眼大；翼较尖长，尾较长；脚短小，中趾较长。白天多俯在树上休息，夜间飞捕飞虫，飞行轻盈无声。营巢于地面上。

普通夜鹰　蚊母鸟　贴树皮

Caprimulgus indicus　Grey Nightjar

摄影：桑新华

摄影：桑新华

形态特征　中等偏小的攀禽，体长26～28厘米。嘴黑色，眼深褐色，喙短小但嘴裂甚大，嘴边具须，眼睛较大，翼较尖，脚甚短小。整体体色似树皮，呈斑驳的灰褐色。上体灰褐色，具黑褐色和灰白色的虫蠹斑。头顶中央具黑色纹。喉黑色，其下具一白斑。下体浅灰褐色，具黑色横斑。翼角具白斑。尾羽具深色横斑，外侧尾羽近末端具宽阔的浅色斑，雄鸟为白色，雌鸟为皮黄色。脚黑褐色。

生活习性　栖息于山区和平原地区的林地、灌木丛中。夜行性鸟类，白天甚隐蔽，常伏在粗壮、平展的树枝上或林中草地上休息，故有俗名“贴树皮”；黄昏和夜间活动，在飞行中捕食飞蛾、蚊、金龟子、天牛等。繁殖期常在黄昏和夜间不停鸣叫，叫声为持续且频率较高的“驾驾驾……”声。繁殖期5～8月，直接将卵产在林地地面上；卵灰白色，布满褐色斑点，由雌雄鸟轮流孵化。

分布居留　旅鸟或夏候鸟。见于泰山山区和汶河流域的林地。

保护状况　IUCN:LC；国家保护的有重要生态、科学、社会价值的陆生野生动物；山东省重点保护野生动物。

雨燕科

Apodidae

小型鸟类，嘴短而宽；翼甚为狭长尖锐，飞行时呈镰形，收拢时翼尖的长度远超过尾末；尾为叉形或方形；脚甚为短小，四趾皆向前，不能抓握，只能攀附。飞行能力甚强，迅速而敏捷，常集群在空中飞行捕虫，可在飞行中睡觉。筑巢于屋檐下、崖壁上的洞穴中，交配在飞行中进行。

普通雨燕　雨燕　楼燕　北京雨燕

Apus apus　Common Swift

摄影：桑新华

摄影：刘兆瑞

形态特征　小型攀禽，体长17～21厘米。喙短但嘴裂较大；翼狭长，初级飞羽甚长，飞行时翼呈镰状；尾呈叉状；脚甚短小，四趾皆朝前。喉为白色，身体其余部分皆为黑褐色。嘴和脚为黑色。

生活习性　常在山区或平原的建筑区、林地、农田等多种生境上空结群盘绕飞行，飞行迅速，飞捕蚊蝇、蛾类等飞虫。非繁殖期时夜间飞至较高的空中，在飞行中休息。也会攀附于高大建筑物上休息，但几乎不落地，若落地即难以起飞。叫声为嘶哑尖锐拖长的“嘶——”声。繁殖期6～7月，交配在空中进行；营巢于高大的建筑、墙体的洞穴、缝隙中，尤其喜欢营巢于古建筑屋檐下，此时常在巢址附近活动。7月底即开始向南迁徙，至非洲南部越冬。

分布居留　夏候鸟。见于泰山山顶、山下、城区及城郊的古建筑等适合其营巢的建筑物附近。

保护状况　IUCN:LC；国家保护的有重要生态、科学、社会价值的陆生野生动物。

白腰雨燕

Apus pacificus　Fork-tailed Swift

摄影：桑新华

摄影：韩东方

摄影：孙桂玲

形态特征　小型攀禽，体长17～20厘米。体形同雨燕。整体呈褐黑色，体色比雨燕深。腰部白色，与身体其余部分对比明显。喉白色。嘴黑色，脚紫黑色。

生活习性　主要栖息于山地悬崖峭壁附近。常成群盘绕飞行，飞捕飞虫。飞行速度快，天气较好时会飞至较高的空中。常边飞边叫，叫声似雨燕但略轻柔。繁殖期5～7月，营巢于山地悬崖峭壁的裂缝中。

分布居留　夏候鸟或旅鸟。繁殖于泰山高山带和中山带的崖壁处，迁徙时经过郊区。

保护状况　IUCN:LC；国家保护的有重要生态、科学、社会价值的陆生野生动物。

鹃形目

CUCULIFORMES

杜鹃科

Cuculidae

一般为中等体型的鸟类，体形较为瘦长，嘴尖，尾较长，脚为对趾型，两趾向前，两趾向后。栖息于林地，性隐蔽，常不断发出具有特征的鸣叫声，鸣声响亮。很多种类为巢寄生鸟类，自己不营巢、不孵卵，由其他鸟类育雏。

小鸦鹃 *

Centropus bengalensis Lesser Coucal

摄影：桑新华

形态特征 中等体型的攀禽，体长30～40厘米。整体较杜鹃类粗壮，尾羽较长。嘴粗壮，上嘴向下弯曲，黑色，幼鸟为角黄色。眼棕红色。整体色彩鲜明，肩和翼为棕红色，身体其余部分为具蓝色金属光泽的黑色，头、颈和背具亮黑色羽干纹。脚为黑色。幼鸟眼黄褐色，上体和翼呈褐色并布满黑色横纹，头颈具白色羽干纹；下体棕白色，两肋具深褐色斑；尾灰黑色，具浅褐色横纹和淡棕色端斑。

生活习性 栖息于山区海拔较低处和山麓平原的灌草、矮树和次生林中。单独或成对活动，较隐蔽，主要以昆虫为食，也吃一些小型动物和植物果实。鸣声为一串圆润响亮的“咯、咯”声。繁殖期3～8月，营巢于灌木丛中，巢由草筑成，呈球状或椭圆状。

分布居留 少见的夏候鸟。见于泰山北麓。

保护状况 IUCN:LC；国家二级保护野生动物。

红翅凤头鹃 *

Clamator coromandus　Chestnut-winged Cuckoo

摄影：桑新华

形态特征　中等体型的攀禽，体长35～42厘米。头具较长的羽冠，尾羽较长。嘴黑色，头顶、头侧及羽冠黑色，颈后具有一白色半领环。喉至上胸浅棕色。背、肩、腰至尾、翼内侧次级飞羽黑色具金属光泽，翼其余部分棕红色。腹白，尾下覆羽黑色。脚灰褐色，同所有鹃类一样，两趾向前，两趾向后。

生活习性　主要栖息于山地或山麓的林地、灌丛中，常栖于高处的树枝上，单独或成对活动，取食昆虫，偶尔吃浆果。鸣声为清亮如吹口哨的“呼呼”或“呼呼呼”，常持续鸣叫很久。繁殖期5～7月，为巢寄生鸟类，自己不营巢、不孵卵，通常把卵产在噪鹛类的巢中。

分布居留　夏候鸟。可见于泰山山区。

保护状况　IUCN:LC；国家保护的有重要生态、科学、社会价值的陆生野生动物。

噪　鹃*

Eudynamys scolopaceus　Common Koel

雌/摄影：刘国强

雄/摄影：张培栋

雄/摄影：刘国强

形态特征　中等体型的攀禽，体长37～43厘米。尾较长，雌雄鸟差异明显。嘴粗壮，上嘴端略向下弯曲，近白色。眼红色。雄鸟通体黑色，具蓝色金属光泽。雌鸟上体深褐色，布满白色点斑。飞羽和尾羽亦为深褐色，具白色横纹。下体白色，布满黑褐色斑纹。脚较杜鹃类粗壮，雄鸟为蓝灰色，雌鸟为灰绿色。

生活习性　栖息于山地和山麓的林地。一般单独活动，常藏在树顶持续鸣叫，叫声为粗哑悠扬的“五鸣—五”声。杂食性，会吃昆虫，也会吃植物果实。繁殖期3～8月，为巢寄生鸟类，通常将卵产在喜鹊、红嘴蓝鹊、椋鸟类等的巢中。

分布居留　夏候鸟。广布于泰山山区。

保护状况　IUCN:LC；国家保护的有重要生态、科学、社会价值的陆生野生动物。

大鹰鹃 *　鹰鹃　鹰头杜鹃

Hierococcyx sparverioides　Large Hawk Cuckoo

摄影：孙桂玲

形态特征　中等体型的攀禽，体长35～42厘米。整体体色似雀鹰。嘴黑褐色，眼橙黄色，眼睑黄色。头灰色，背、腰、翼上面灰褐色。喉白而沾棕色，上胸棕色，杂有白色。腹白，具暗褐色横斑。初级飞羽具白色横斑。尾下覆羽白色。尾羽灰褐色，具5道暗褐色横斑。脚橙黄色。幼鸟上体褐色而具黄褐色斑；下体多为淡棕色，具黑斑。

生活习性　栖息于山地和山麓的林地。较隐蔽，常单独活动，以昆虫为食。经常鸣叫，鸣声清亮且洪亮，为声似“呜-五吁五”的三音节一组，音调和速度常随鸣叫不断增高。繁殖期4～7月，为巢寄生鸟类，一般将卵产于鹛类、喜鹊等的巢中。

分布居留　夏候鸟。分布于泰山山区。

保护状况　IUCN:LC；国家保护的有重要生态、科学、社会价值的陆生野生动物。

四声杜鹃 光棍好苦 先黄先割

Cuculus micropterus Indian Cuckoo

摄影：王能标

形态特征 中等体型的攀禽，体长31～34厘米。嘴尖黑色，嘴角黄色。眼暗褐色，眼睑黄色，形成黄色眼圈。头、颈灰色，后颈至背、腰及翼上面为较头部色深的灰褐色，初级飞羽具白色横斑，翼下覆羽具黑色细横纹。上胸浅灰色，下胸至腹白色而具黑色横斑，尾下覆羽白色而具黑色斑块。尾灰色，具黑色次端斑。脚黄色。幼鸟上体多褐色，下体污白色而具黑色横纹。

生活习性 栖息于山区和平原的林地，尤其是阔叶林和混交林。单独或成对活动，以昆虫为食，尤其喜食鳞翅目幼虫。性机警，常只闻其声，不见其影。在夏季常闻其鸣叫，鸣声清亮，昼夜不息。雄鸟叫声为声似“割麦割谷”的四声一组，雌鸟叫声为一串如冒水泡般的急促鸣声。繁殖期5～7月，为巢寄生鸟类，自己不营巢、不孵卵，通常将卵产在灰喜鹊的巢中，幼鸟由灰喜鹊、黑卷尾等代为抚育。

分布居留 常见的夏候鸟。广泛分布于泰山山区、城区的园林、城郊和汶河流域。

保护状况 IUCN:LC；国家保护的有重要生态、科学、社会价值的陆生野生动物；山东省重点保护野生动物。

大杜鹃　布谷鸟　子规　郭公

Cuculus canorus　Common Cuckoo

雄/摄影：孙桂玲

幼鸟/摄影：孙桂玲

幼鸟/摄影：孙桂玲

形态特征　中等体型的攀禽，体长28～37厘米。整体似四声杜鹃，但眼为金黄色，腹部的黑色横斑较细，尾羽无黑色次端斑。头、颈灰色，背、腰、翼上面深灰色，初级飞羽内侧具白斑。腹和尾下覆羽白色，具黑色细横纹。尾灰黑色，具白色斑点。较少见的棕色型雌鸟上体棕色，具黑色横纹。脚黄色。

生活习性　栖息于平原地区和山地的林地以及湿地附近，单独活动，以昆虫为食。常站在乔木上、水中竹竿或木桩上持续鸣叫，也常边飞边叫，叫声为两声一组的“布谷”。繁殖期5～7月，为巢寄生鸟类，常把卵产在东方大苇莺的巢内，幼鸟一出生即把东方大苇莺巢内原有的卵或幼鸟推挤出巢外，独享东方大苇莺亲鸟喂养。

分布居留　常见的夏候鸟。广泛分布于城郊和汶河流域，也见于泰山山区。

保护状况　IUCN:LC；国家保护的有重要生态、科学、社会价值的陆生野生动物。

东方中杜鹃 *

Cuculus optatus　　Oriental Cuckoo

摄影：关克

形态特征　中等体型的鹃类，体长25～34厘米。整体似四声杜鹃，但眼为褐黄色，尾羽无黑色次端斑。头、颈灰色，背、腰、尾上、翼上面覆羽为灰褐色，具白色翼缘。腹部白色，具黑色条纹，相对四声杜鹃较宽。尾羽黑褐色，羽轴两侧、羽缘和尾端具白斑。脚和爪黄色。幼鸟上体褐色较多，并有白色横纹。

生活习性　栖息于山区林地中，性隐蔽，常只闻其声，不见其影。一般单独活动，取食昆虫。繁殖期时经常鸣叫，鸣声为圆润响亮的两或三音节一组的“咕咕”声，鸣叫可持续很长时间。繁殖期5～7月，为巢寄生鸟类，通常将卵产在树莺类、柳莺类、鹨类等小型雀形目鸟类的巢中。

分布居留　不常见的夏候鸟。分布于泰山山区中、高海拔区域。

保护状况　IUCN:LC；国家保护的有重要生态、科学、社会价值的陆生野生动物。

小杜鹃*

Cuculus poliocephalus　Lesser Cuckoo

摄影：薛琳

摄影：廖继承

摄影：关克

形态特征　体型较小的鹃类，体长24～26厘米。整体似中杜鹃而小，但眼为褐色。头、颈、上胸灰色，背和翼上面为较深的灰褐色，腹白而具黑色横斑，横斑相对中杜鹃较稀疏。尾黑褐色，羽轴两侧、羽缘和尾端具白斑。棕色型雌鸟上体呈红棕色，全身具黑色横纹。脚黄色。幼鸟相较成鸟上体多褐色，并杂有白色羽缘。

生活习性　栖息于山区林地中，性隐蔽，常只闻其声，不见其影。主要以昆虫为食，尤其喜食蝶、蛾类的幼虫。繁殖期时经常鸣叫，有时在夜间鸣叫，鸣声似“阴天打酒喝喝”。繁殖期5～7月，为巢寄生鸟类，寄主通常为莺类、鹪鹩等小型雀形目鸟类。

分布居留　不常见的夏候鸟。仅分布于泰山高海拔区域。

保护状况　IUCN:LC；国家保护的有重要生态、科学、社会价值的陆生野生动物；山东省重点保护野生动物。

鸨形目

OTIDIFORMES

鸨科

Otididae

大型陆禽，颈较长，身体粗胖，腿长而强健，翼宽大，飞行时头向前伸直。主要活动于草原等开阔地，杂食但较多取食植物性食物。营巢于地面，雏鸟为早成鸟。

大鸨 老鸨

Otis tarda Great Bustard

摄影：孙桂玲

左雌右雄/摄影：孙桂玲

形态特征 大型鸟类。体长75～105厘米。身体粗壮，颈长，脚长而粗壮。头、颈浅灰色，腹部白色。背至尾上覆羽及翅上内侧三级飞羽黄褐色，布满黑色横斑。翅的覆羽多为白色，飞羽黑褐色。中央尾羽棕色，外侧尾羽浅棕色，最外侧几乎白色，具有黑色横斑。雄鸟下颈至上胸有棕色带斑，颏具白色纤长羽簇，繁殖期时喉和嘴角布满细长的白色纤羽。脚浅灰褐色。

生活习性 栖息于开阔草原、河边草地或农田。性机警，善奔跑，起飞前常助跑，飞行时拍翅缓慢有力。杂食，主要吃昆虫和植物种子、嫩芽等。

分布居留 极罕见的旅鸟。80年代在汶河流域有记录，近年来暂无记录。

保护状况 IUCN:VU；国家一级保护野生动物。

鹤形目

GRUIFORMES

秧鸡科

Rallidae

中型或小型涉禽，身体相对粗胖，翼较为短圆，尾短且常上翘，腿较长，脚趾甚长，有的具有瓣蹼，如骨顶鸡。主要栖息于多苇丛的水域，其中骨顶类较为大胆，常在水上游泳；其余秧鸡类性隐蔽胆怯，常藏匿于苇丛中，且多在晨昏活动；杂食性。营巢于地面上或水边草丛中，雏鸟为早成鸟。

普通秧鸡 *

Rallus indicus　Brown-cheeked Rail

摄影：彭国胜

摄影：刘国强

摄影：张培栋

形态特征　较小的涉禽，体长24～28厘米。嘴较长，主要为橘红色，嘴峰褐色。眼红褐色。头顶、后颈、背至尾黄褐色而杂满黑斑。脸、前颈至胸石板灰色，有深色过眼纹，喉污白色。两胁和尾下覆羽黑褐色，具白色横斑。脚黄褐色。

生活习性　栖息于多芦苇等挺水植物的河流、湖泊、水塘、稻田等，偶尔去水域附近的灌草丛。性隐蔽且胆怯，常单独或成小群在晨昏和夜间活动，白天多隐于苇丛中。善行走，较少飞行，行走时尾会上下翘动。主要以小型水生动物为食，也吃一些植物种子、谷物、嫩芽等。

分布居留　旅鸟。可见于汶河流域、天平湖等水域。

保护状况　IUCN:LC；国家保护的有重要生态、科学、社会价值的陆生野生动物；山东省重点保护野生动物。

小田鸡

Zapornia pusilla Baillon's Crake

摄影：孙桂玲

形态特征 体小的涉禽，体长15～19厘米。眼红色，嘴绿色。头顶至后颈橄榄褐色，具黑纹。其余上体及翼上覆羽橄榄褐色，具黑色纹和白色斑。飞羽和尾羽黑褐色。脸、前颈至上腹灰色。腹、两胁和尾下覆羽具黑白相间的横纹。脚黄绿色。

生活习性 栖息于多芦苇、水草的河流、湖泊、水塘、稻田等水域及滨岸。性隐蔽且胆怯，善行走，常在草丛穿行觅食，较少飞行或游泳，遇到危险时常藏匿或奔跑来躲避。主要以水生昆虫、虾等小型水生动物为食。

分布居留 较少见的旅鸟。可见于汶河流域、天平湖等水域。由于其习性隐蔽，故难以见到。

保护状况 IUCN:LC；国家保护的有重要生态、科学、社会价值的陆生野生动物。

红胸田鸡

Zapornia fusca　Ruddy-breasted Crake

摄影：王大为

形态特征　小型涉禽，体长19～23厘米。眼红色，嘴偏灰色。头顶前部、脸、颈至上腹栗红色，喉色浅。头顶后部至整个上体褐色。腹深灰色，两胁灰褐色，尾下覆羽黑褐色而具白色横斑。脚珊瑚红色。

生活习性　栖息于多芦苇、水草的河流、湖泊、水塘、沼泽、稻田等水域。性隐蔽且胆怯，白天藏于草丛中，多在晨昏和夜间觅食。杂食，主要以水生昆虫、虾等小型水生动物以及一些植物的芽、种子等为食。

分布居留　少见的夏候鸟或旅鸟。20世纪80年代记录在东平等地为夏候鸟，近年来暂未发现。由于其习性隐蔽，故难以见到。

保护状况　IUCN:LC；国家保护的有重要生态、科学、社会价值的陆生野生动物。

斑胁田鸡 *

Zapornia paykullii　　Band-bellied Crake

摄影：孙桂玲

形态特征　小型涉禽，体长约22厘米。眼红色，嘴偏黄色。头顶、上体和翅深褐色，翅上具有白色横斑。脸、颈侧至上腹红棕色，喉和颏白色。两胁及下腹至尾下覆羽有黑白相间的横纹。脚红色。

生活习性　栖息于多芦苇、水草的河流、湖泊、水塘等水域及其滨岸。性隐蔽且胆怯，善行走。主要以水生昆虫、虾等小型水生动物以及一些植物性食物为食。

分布居留　罕见旅鸟。曾在泮河有记录。

保护状况　IUCN:NT；国家保护的有重要生态、科学、社会价值的陆生野生动物；山东省重点保护野生动物。

黑水鸡　红骨顶　小䴘

Gallinula chloropus　Common Moorhen

摄影：刘冰

亚成鸟/摄影：刘冰

摄影：刘兆瑞

幼鸟/摄影：彭国胜

形态特征　中等体型的涉禽，体长24～35厘米。身体较为粗胖，脚和趾长。整体呈黑色。嘴黄色，嘴基部和额甲红色。体侧两肋具有一明显的白色纵纹。尾下覆羽两侧白色，中间黑色。幼鸟灰褐色，嘴上无红色，两肋和尾下亦有白色。雏鸟被有黑色绒羽。脚黄绿色。

生活习性　栖息于多芦苇等挺水植物的河流、湖泊、水塘等，适应力较强，甚至可见于城区内较小的池塘。游泳时尾常竖起并上下摆动。常浮于水面游泳，擅潜水，也会在岸边觅食。杂食，主要吃植物嫩芽、根茎和水生昆虫、蜗牛等。繁殖期4～7月，求偶期常在水边争斗。营巢于苇丛或水草丛中，巢甚隐蔽。雏鸟孵出后，成鸟即带其下水活动。

分布居留　甚常见的水鸟。在泰山低山带至汶河流域的河流、湖泊、水库、池塘等水域广泛分布。一年四季均可见到，为留鸟或夏候鸟。

保护状况　IUCN:LC；国家保护的有重要生态、科学、社会价值的陆生野生动物。

白骨顶　骨顶鸡　大鹬

Fulica atra　Common Coot

摄影：彭国胜

摄影：刘兆瑞

形态特征　中等体型的涉禽，体长35～43厘米，大于黑水鸡。体形似黑水鸡而略粗壮。通体黑色，仅次级飞羽端部白色，飞行时可见。眼红褐色，嘴和额甲白色。脚绿色，趾上具有波形的瓣蹼。幼鸟灰褐色，似黑水鸡幼鸟而无尾下和两肋的白色，喉较白。雏鸟头部具橘黄色绒羽，其余绒羽黑色。

生活习性　栖息于河流、湖泊、水塘等，尤其偏爱多芦苇等挺水植物的水域。对栖息地质量的要求高于黑水鸡。游泳时常频频向前伸头。常结群活动，越冬时会结大群，会与鸭类混群。常游泳，擅长潜水，也会在岸边觅食。杂食，主要吃水生昆虫、蜗牛等，也吃植物嫩芽、根茎、水草。繁殖期5～7月，营巢于苇丛或水草丛中，巢甚隐蔽。

分布居留　常见的水鸟。在汶河流域、天平湖、黄前水库等水域有分布。一年四季均可见到，冬季可见越冬的大群，为留鸟或夏候鸟。

保护状况　IUCN:LC；国家保护的有重要生态、科学、社会价值的陆生野生动物。

白胸苦恶鸟* 白腹秧鸡

Amaurornis phoenicurus　White-breasted Waterhen

摄影：桑新华

摄影：彭国胜

形态特征 中型涉禽，体长26～35厘米。嘴黄绿色，上嘴基部有一红色斑。头顶、后颈、背至尾深灰色，额、脸、喉至胸白色。腹至尾下覆羽红棕色。脚黄色。雏鸟全身绒羽黑色，嘴和脚亦为黑色。

生活习性 栖息于多芦苇等挺水植物的河流、湖泊、水塘及其滨岸的灌丛、草地等。性隐蔽，常单独或成对在晨昏和夜间活动，白天多隐于苇丛中。叫声连续不断，常在晚上叫，声似“苦恶、苦恶”。善行走，较少飞行。主要以小型水生动物为食，也吃一些植物种子、谷物、嫩芽等。繁殖期4～7月，营巢于水边草丛或灌丛中。

分布居留 夏候鸟或旅鸟。可见于汶河流域的水域甚至一些多芦苇的城区河道中。

保护状况 IUCN:LC；国家保护的有重要生态、科学、社会价值的陆生野生动物。

董 鸡

Gallicrex cinerea Watercock

雌/摄影：牛蜀军

雄/摄影：薛琳

形态特征 中型涉禽，体长31～53厘米。雄鸟眼红色；嘴黄绿色；繁殖期时额甲大，后端凸起伸出，超过头顶，为红色；通体为黑色。非繁殖期雄鸟额甲不超过头，体色似雌鸟。雌鸟眼淡褐色；额甲小，黄褐色；上体黑褐色而具有宽黄色羽缘；两翅的色彩似上体；下体土黄色，胸和两胁具有深色纹。脚黄绿色。

生活习性 栖息于多芦苇、水草的河流、湖泊、水塘、沼泽、稻田等水域。性隐蔽且胆怯，常单独或成对活动。常在浅水处涉水觅食，有时游泳，很少飞行，行走时常翘动尾部。多在黄昏鸣叫，声似“董！董！”。杂食，主要吃水生昆虫和植物嫩芽、种子等。

分布居留 少见夏候鸟。20世纪80年代记录在东平等地为夏候鸟，近年来暂未发现。

保护状况 IUCN:LC；国家保护的有重要生态、科学、社会价值的陆生野生动物；山东省重点保护野生动物。

鹤科

Gruidae

大型涉禽，飞行时颈向前伸直，双腿向后伸直。较鹳类纤细，较鹭类挺拔。喙直而尖，较长；颈长；翼宽大；尾短；腿长，脚上的后趾短小且位置较高，使得脚难以抓握。主要栖息于湿地及水域附近的开阔草地、农田等。杂食，更多食用植物性食物。营巢于苇丛、草丛中的地面上，雏鸟为早成鸟。

白枕鹤* 红面鹤 红脸鹤

Grus vipio White-naped Crane

摄影：牛蜀军

摄影：桑新华

形态特征 大型涉禽，体长120～150厘米。嘴长，颈及脚甚长。全身羽毛大部分为灰色。翅上覆羽灰白色，初级和次级飞羽黑色，飞行时对比明显。三级飞羽浅灰白色，较长，呈弓状，站立时覆盖尾部。脸部裸皮红色。头顶至颈部背面白色，胸及颈前之灰色延至颈侧成狭窄尖线条，并在喉部形成一白色三角区。嘴黄色，脚粉红色。

生活习性 栖息于开阔而多苇草的沼泽或河流、湖泊岸边。杂食，主要以植物种子、嫩根、嫩芽和小型水生动物为食。飞行时头颈向前伸直，双脚拖后，常排列成“人”字形队列。迁徙时成群活动，会边飞边鸣叫，鸣声高亢响亮。

分布居留 罕见旅鸟。春季和秋季偶尔可见迁徙飞过，极少在本区域内降落停留。

保护状况 IUCN:VU；国家二级保护野生动物。

灰　鹤

Grus grus　Common Crane

摄影：赵国君

摄影：桑新华

形态特征　大型涉禽，体长100～120厘米。体形似白枕鹤。全身羽毛大部分为灰色。飞羽黑色，飞行时对比明显。三级飞羽灰色，较长，呈弓状。头顶裸露皮肤红色，自眼后至颈侧为灰白色，枕部至后颈，以及眼先、喉至前颈黑色。嘴近灰色，脚灰黑色。

生活习性　栖息于开阔平原、农田或多苇草的沼泽、湖岸。杂食，主要以草籽、玉米、植物茎叶、块茎、嫩芽以及小型水生动物和昆虫等为食。迁徙和越冬时常成群活动，鸣声高亢响亮。

分布居留　罕见旅鸟。春季和秋季偶尔可见迁徙飞过，很少在本区域内降落停留。

保护状况　IUCN:LC；国家二级保护野生动物。

鸻形目
CHARADRIIFORMES

反嘴鹬科

Recurvirostridae

中型涉禽，羽色多为黑白两色；嘴细长，较直或上翘；颈较其他鸻鹬类略长；腿长，脚的前三趾的基部具有蹼，后趾短小或消失。栖息于沿海或内陆的湿地，巢在地上或草丛中，雏鸟为早成鸟。

黑翅长脚鹬　红腿娘子　高跷鸻

Himantopus himantopus　Black-winged Stilt

摄影：刘兆瑞

摄影：孙桂玲

摄影：刘国强

形态特征　中等体型的涉禽，体长29～41厘米。嘴尖而稍长，黑色。脚甚为细长，红色。羽色黑白对比明显，极具特色。眼红色。身体羽毛大部分为白色，上背、肩和翅黑色。雄鸟繁殖羽头顶至后颈黑色。

生活习性　栖息于河流、湖泊、沼泽等的浅水处，通常边走边啄食，有时也将嘴插入土中或水中觅食，取食软体动物、甲壳类、昆虫等无脊椎动物。繁殖期5～7月，营巢在水边或水中的草丛、浅滩上。

分布居留　夏候鸟或旅鸟。可见于汶河流域等水域。

保护状况　IUCN:LC；国家保护的有重要生态、科学、社会价值的陆生野生动物。

反嘴鹬 *

Recurvirostra avosetta　Pied Avocet

摄影：孙桂玲

摄影：张艳然

摄影：张艳然

形态特征　中等体型的涉禽，体长40～45厘米。黑色的嘴细长而上翘，极具特色。脚细长，青灰色。羽色黑白对比明显。身体大部分羽毛为白色。眼先、前额、头顶至上颈后侧黑色。初级飞羽黑色，翼上有一大黑色斑，内肩和内侧三级飞羽黑色，飞行时形成每侧的三块黑色斑。

生活习性　栖息于河流、湖泊、沼泽、海边等的浅水处。主要通过上翘的嘴不断地在泥地上左右扫动觅食，也会啄食。有时会在水上游泳。主要食物为小型甲壳类、软体动物、昆虫、蠕虫等小型无脊椎动物。迁徙时常结群。

分布居留　旅鸟。迁徙季节可见于汶河流域、天平湖等水域。

保护状况　IUCN:LC；国家保护的有重要生态、科学、社会价值的陆生野生动物；山东省重点保护野生动物。

鸻科

Charadriidae

小型或中型涉禽，嘴和颈较短，身体较紧凑，翼尖，腿长，尾较短，脚后趾短小或退化。栖息于内陆或沿海的滩涂、湿地，常集群活动，擅长飞行，行走迅速，常走走停停，主要取食浅水和泥沙中的无脊椎动物。营巢于地面上，雏鸟为早成鸟。

凤头麦鸡

Vanellus vanellus　Northern Lapwing

摄影：孙桂玲

摄影：刘国强

形态特征　中型涉禽，体长29～34厘米。腿长，头顶具细长羽冠。嘴黑色，头顶至羽冠黑色。脸白色，眼下方有一黑斑。喉黑色，链接至上胸的黑色宽环带。背、翼上覆羽及三级飞羽绿色，具金属光泽。尾下覆羽棕色。尾羽基部白色，端部黑色，末端羽缘灰白。雌鸟羽冠相对短，喉常有白斑。非繁殖羽喉白色。脚肉红色。
生活习性　栖息于山下至平原地区的河流、湖泊、水塘等水域，常成群活动，飞行时两翼拍动较慢。主要在水边觅食昆虫，也吃一些其他无脊椎动物和嫩叶、草籽等。
分布居留　旅鸟。可见于汶河流域、黄前水库等。
保护状况　IUCN:NT；国家保护的有重要生态、科学、社会价值的陆生野生动物。

灰头麦鸡*

Vanellus cinereus　Grey-headed Lapwing

摄影：桑新华

摄影：孙桂玲

摄影：桑新华

形态特征　中型涉禽，体长32～36厘米。眼棕红色，具黄色眼圈。嘴黄色，尖端黑色。头、颈至胸灰色；下胸黑色，形成一横带。背及翼上覆羽灰褐色，初级飞羽黑色，翼下覆羽和次级飞羽白色。腹白色。尾羽白色，中间的尾羽端部黑色。脚黄色。

生活习性　栖息于山下至平原地区河流、湖泊、水塘等水域，或者水边草地。常成小群活动，有时与凤头麦鸡混群。飞行时两翼拍动较慢。主要食物为昆虫，也吃一些其他无脊椎动物和嫩叶、草籽等。

分布居留　旅鸟。可见于汶河流域、天平湖等。

保护状况　IUCN:LC；国家保护的有重要生态、科学、社会价值的陆生野生动物。

金鸻　金斑鸻

Pluvialis fulva　Pacific Golden Plover

非繁殖羽/摄影：张艳然

繁殖羽/摄影：孙桂玲

形态特征　体型较小的涉禽，体长23～26厘米。颈较短而脚长。嘴黑色。繁殖羽上体黑色而布满金色斑点，脸和下体纯黑色，两者之间有一道自额至胸侧的白色长带。飞羽和尾羽黑褐色。翼下覆羽和腋羽烟灰色，无黑斑。非繁殖羽颊、喉至胸浅灰黄色，杂有灰褐色斑纹；腹白色。脚灰黑色。

生活习性　栖息于海滨、河流、湖泊、沼泽等地，性谨慎，较怕人。主要吃昆虫、蠕虫、甲壳类、软体动物等小型无脊椎动物。

分布居留　旅鸟。可见于汶河流域。

保护状况　IUCN:LC；国家保护的有重要生态、科学、社会价值的陆生野生动物。

金眶鸻

Charadrius dubius　Little Ringed Plover

摄影：孙桂玲

摄影：刘国强

形态特征　小型涉禽，体长15～18厘米。眼暗褐色，眼周金色，繁殖期时更明显。嘴黑色。头顶和上体浅灰褐色，下体白色。尾羽端部有一黑色横带，外缘白色，外侧尾羽白色。繁殖羽前额白色；额具有一宽黑色带，过眼至眼后方，其后有一白色细纹与白色眉纹相连；眼先黑色；下颈有一白色环带，紧连胸的黑色环带；胸侧的黑色环带较粗，形成领状。非繁殖羽额至顶为褐色，具皮黄色眉纹，眼后深褐色，胸带深褐色。脚橙黄色。

生活习性　栖息于河流、湖泊、沼泽、海滨等地。行走迅速，边走边觅食，常走走停停，主要吃昆虫、蠕虫、甲壳类、软体动物等小型无脊椎动物。繁殖期5～7月，营巢于河边或水中的沙洲上，巢甚简陋。雏鸟为早成鸟，出壳后不久即能行走。

分布居留　常见旅鸟或夏候鸟。可见于汶河流域、天平湖等城郊的水域。

保护状况　IUCN:LC；国家保护的有重要生态、科学、社会价值的陆生野生动物。

长嘴剑鸻

Charadrius placidus　Long-billed Plover

摄影：刘国强

摄影：刘国强

形态特征　小型涉禽，体长约22厘米，略大于金眶鸻，黑色的嘴比金眶鸻略长。整体似金眶鸻。上体灰褐色，下体白色。额白色，其后有一黑色带，眼先及眼后褐色。黑色颈环较金眶鸻窄。非繁殖羽为暗褐色。脚肉黄色。

生活习性　栖息于河流、湖泊、沼泽、海滨等地。一般边走边觅食，主要吃昆虫、蚯蚓、甲壳类、软体动物等小型无脊椎动物。

分布居留　旅鸟或冬候鸟。可见于汶河流域等城郊的水域。

保护状况　IUCN:LC；国家保护的有重要生态、科学、社会价值的陆生野生动物。

环颈鸻

Charadrius alexandrinus Kentish Plover

摄影：刘国强

摄影：张艳然

形态特征 小型涉禽，体长约15厘米。整体较似金眶鸻，上体灰褐色，下体白色。深色的半颈环在胸前不闭合。嘴黑色，额白色，繁殖期额后的头顶有黑斑，其后接棕色的枕部。半颈环黑色。非繁殖羽头顶灰褐色，半颈环灰褐色。脚灰色。
生活习性 栖息于海滨、河流、湖泊、沼泽等地。习性似金眶鸻，一般边走边觅食，主要吃小型无脊椎动物。
分布居留 旅鸟或夏候鸟。可见于汶河流域。
保护状况 IUCN:LC；国家保护的有重要生态、科学、社会价值的陆生野生动物。

铁嘴沙鸻 *

Charadrius leschenaultii　Greater Sand Plover

摄影：孙桂玲

形态特征　小型涉禽，体长19～23厘米。嘴较为粗壮，黑色。雄鸟繁殖羽前额白色，其后的两眼间有一黑色横带，过眼至眼后。头顶至枕部棕色。上体主要为灰褐色。上胸具栗色胸带，其余下体白色。非繁殖羽雄鸟和雌鸟枕后灰褐色；胸带灰褐色，较短，有时在胸前不闭合。

生活习性　栖息于海滨、河流、湖泊、沼泽等地。边走边觅食，常走走停停。主要吃昆虫、甲壳类和软体动物等小型无脊椎动物。

分布居留　较少见的旅鸟。可见于汶河流域。

保护状况　IUCN:LC；国家保护的有重要生态、科学、社会价值的陆生野生动物。

彩鹬科

Rostratulidae

小型涉禽，雌鸟较雄鸟大且更鲜艳，嘴细长，翼短圆，尾短。主要栖息于多芦苇的湿地，性隐蔽，偏夜行性。主要以水生无脊椎动物为食。一雌多雄制，营巢于苇丛或水草中，雄鸟孵卵、育幼，雏鸟为早成鸟。

彩　鹬

Rostratula benghalensis　Greater Painted Snipe

雌/摄影：孙桂玲

雄/摄影：孙桂玲

形态特征　小型涉禽，体长24～28厘米。嘴细长，先端钝而略下弯。脚和趾长。雌鸟比雄鸟艳丽且个体较大。雄鸟头顶中央具黄色纵纹，眼周黄色，并向后延伸为一柄带。头颈灰褐色，喉部色浅；胸至背有一白色带，背和翅上覆羽黄褐色，杂有黄色近方形斑和黑、白色的细横纹，背部有两道黄色纵纹；飞羽褐色，杂满黄色眼状斑和黑、白色横斑；腹白色；尾羽为褐黄相间的横斑。雌鸟头颈主要呈栗色，眼周及其延后部分白色，头顶亦有黄色纵纹；背及翼灰褐色，杂有不甚明显的黑褐色斑；两肩前有白色横带，背有两道黄色纵纹；腹白色；飞羽灰褐色，具黑色横纹和白色端斑。尾羽灰褐色，杂有暗黄色横斑。

生活习性　栖息于多芦苇等水生植物的平静湖泊、河流、水塘等。习性十分隐蔽，受惊扰时常藏匿不动。主要以昆虫、虾等水生无脊椎动物等为食，也吃一些植物性食物。繁殖期5～7月，一雌多雄制，雄鸟孵卵和育雏。

分布居留　旅鸟或夏候鸟。可见于汶河流域。

保护状况　IUCN:LC；国家保护的有重要生态、科学、社会价值的陆生野生动物；山东省重点保护野生动物。

水雉科

Jacanidae

中至小型的涉禽，翼角上常具有距（骨质刺突），腿长，脚趾甚长。常栖息于多浮叶植物的水域，可以在莲叶等较大的浮叶植物叶片上行走。巢为浮巢，会直接将卵产在浮叶植物的叶片上。多为一雌多雄制，雏鸟为早成鸟。

水　雉* 水凤凰

Hydrophasianus chirurgus　Pheasant-tailed Jacana

摄影：孙桂玲

幼鸟/摄影：孙桂玲

形态特征　中等体型的涉禽，体长31～58厘米。特征明显，繁殖期时尾甚长；脚长，趾甚纤长。嘴蓝灰色，尖端绿色。繁殖羽头和前颈白色，后颈金色，具黑色缘；背深褐色，腹和尾黑色；翅白色，初级飞羽端部具黑色缘，翼角上具有白色的矩。非繁殖羽头顶和上体灰褐色，有白眉纹，颈侧具黄色纵带，自眼后至颈侧有一黑褐色长纵纹，向下与黑褐色胸带相接；下体白色，翅中部覆羽具有淡褐色斑；尾较繁殖羽短；脚灰绿色。幼鸟似成鸟非繁殖羽而颈侧无黄色纵带。雏鸟脚和趾亦甚长，上体绒羽褐、白、黑相杂，下体绒羽白色。

生活习性　栖息于多芦苇、芡实等水生植物的平静湖泊、河流、水塘等。善走，能奔走在芡实、荷叶等水生植物浮于水面的叶片上。食物主要为昆虫、虾等水生无脊椎动物，也吃一些植物性食物。繁殖期4～9月，一雌多雄制，求偶期雌鸟常争斗。孵卵和育雏由雄鸟完成。常营巢于芡实叶片上，巢简陋。卵为具光泽的褐色。

分布居留　夏候鸟。可见于汶河流域多水生植物的河段。

保护状况　IUCN:LC；国家保护的有重要生态、科学、社会价值的陆生野生动物；山东省重点保护野生动物。

鹬科

Scolopacidae

小型或中型涉禽；嘴较长，嘴型根据取食食物类型和方式而有变化，但多具革质，有较发达的神经，上下嘴的近端部具一“关节”，可使嘴端分别向上下两方翘起；颈较短，翼尖，尾较短；脚细长，后趾较短小或退化。栖息于沿海或内陆的滩涂、湿地，常集群活动，边走边觅食，行动忙碌，主要以泥滩、浅水中的蚌类、蠕虫、虾类等无脊椎动物为食。很多种类在西伯利亚、阿拉斯加等的苔原一带繁殖，飞行能力甚强，会做长距离迁徙。沙锥类习性隐蔽，常藏匿于水边草丛中，有些种类会栖息于林地；其他鹬类相对大胆，多偏爱较开阔的滩地。

丘　鹬* 山鹬

Scolopax rusticola　Eurasian Woodcock

摄影：刘兆瑞

形态特征　中等体型的涉禽，体长32～42厘米。体胖，颈短，嘴长而直，尖端黑褐色。眼深褐色，在头部着生的位置较为偏后。整体羽色呈斑驳的红棕色。眼先有一黑色横纹连接嘴基，头顶至枕后具3～4条黑色横带。背及肩红棕色，杂满黑、白色的斑纹，并具有4条灰白色纵带。翅红褐色，杂有黑褐色、浅灰黄色和灰白色斑。下体浅棕黄色，杂满黑褐色细横纹。与沙锥相比色彩偏锈红色，头部图纹明显不同。

生活习性　栖息于阴暗、灌木茂密且落叶层较厚的林地、林缘灌丛或林间沼泽。偏夜行性，迁徙亦多在夜间进行。性孤僻且隐蔽，白天常隐藏在林中或草丛，夜间至沼泽、水边觅食，觅食方式为直接啄食或用嘴插入泥土中探食，主要取食为昆虫、蚯蚓、蜗牛等。

分布居留　旅鸟或冬候鸟。可见于汶河流域、城郊、泰山低山等处近水的林地。

保护状况　IUCN:LC；国家保护的有重要生态、科学、社会价值的陆生野生动物。

扇尾沙锥

Gallinago gallinago Common Snipe

摄影：彭国胜

摄影：桑新华

形态特征 小型涉禽，体长24～30厘米。嘴直而长，约为头长的2倍。基部黄褐色，尖端黑褐色。整体羽色呈斑驳的黄褐色。头部多纵纹，头顶中央有一皮黄色冠纹，侧冠纹黑褐色，眉纹淡皮黄色，过眼纹黑褐色，颊有两道白纹。背黑色、栗色与黄褐色相杂，具有4条明显的黄白色纵带。腹白，两胁具有黑褐色横斑。翼下覆羽白色较多；飞羽黑褐色，次级飞羽末端具白色边缘，较其他种类的沙锥明显。尾羽栗红色，具黑色横带，末端白色，每根尾羽的宽度基本相同。

生活习性 栖息于河流、湖泊、沼泽等富有植物且具泥滩的水域，适应力较强，对水污染有一定耐受性。常在水边将嘴插入浅水中觅食，觅食主要在晨昏和夜间进行，主要食物为昆虫、水丝蚓等环节动物和一些软体动物等。性机警且隐蔽，白天常藏匿于草丛中，惊飞时常发出“嘎”的一声鸣叫，并常在飞行中转弯，飞行轨迹呈锯齿状。

分布居留 常见旅鸟或冬候鸟。是最常见的一种沙锥。可见于城区较安静的多草滩河流和汶河流域等。

保护状况 IUCN:LC；国家保护的有重要生态、科学、社会价值的陆生野生动物。

针尾沙锥　针尾鹬

Gallinago stenura　Pintail Snipe

摄影：李文文

形态特征　小型涉禽，体长21～29厘米。嘴直而长，但略短于扇尾沙锥。整体与扇尾沙锥相似，但翼下覆羽均匀地布满黑色横纹，缺少白色横带；次级飞羽末端无白色或不明显；外侧的7～9对尾羽极为窄小；飞行时向后伸出的脚明显超过尾端。

生活习性　栖息于富有植物且具泥滩的水域，习性和食性似扇尾沙锥，性机警且隐蔽，惊飞时常发出“嘎”的一声鸣叫，飞行轨迹常呈锯齿状。

分布居留　少见的旅鸟。记录于汶河流域。

保护状况　IUCN:LC；国家保护的有重要生态、科学、社会价值的陆生野生动物。

大沙锥

Gallinago megala　Swinhoe's Snipe

摄影：赵国君

形态特征　小型涉禽，体长26～29厘米，略微大于针尾沙锥。嘴直而长，似针尾沙锥，但略短于扇尾沙锥。整体与针尾沙锥甚为相似，但外侧窄小的尾羽为6对，且较针尾沙锥略大；尾羽较长，站立时尾明显超过翼尖；飞行时脚很少露出尾外；翼下较暗。

生活习性　栖息于富有植物且具泥滩的水域，习性和食性似扇尾沙锥，性机警且隐蔽。惊飞时常直线飞行而非锯齿状。

分布居留　少见的旅鸟。记录于汶河流域。

保护状况　IUCN:LC；国家保护的有重要生态、科学、社会价值的陆生野生动物。

孤沙锥 *

Gallinago solitaria　Solitary Snipe

摄影：牛蜀军

形态特征　小型涉禽，但为体型最大的沙锥，体长26~32厘米。整体色彩偏红棕色，布满斑驳的斑纹，较本地区其他沙锥的斑纹更显细碎。眼黑褐色，着生于头侧偏后部。冠纹、眉纹近白色，侧冠纹、过眼纹棕褐色，头侧、颈侧和上胸近白色而布满细碎棕褐色斑点。背布满锈棕色与黑褐色横斑，具4道明显的皮黄白色纵带。翼上覆羽为细碎的棕色、黑褐色与皮黄色相杂。下胸布满棕褐色横斑，两肋具黑褐色横斑，腹及尾下覆羽白色。外侧尾羽较短、较窄。

生活习性　栖息于山地林间、林缘的水边。习性隐蔽，一般单独活动，惊飞时飞行常较慢、较短。常在晨昏觅食，主要食物为昆虫、蠕虫等无脊椎动物。

分布居留　较为罕见。2018年1月记录于泰山山区。

保护状况　IUCN:LC；国家保护的有重要生态、科学、社会价值的陆生野生动物。

黑尾塍鹬 *

Limosa limosa Black-tailed Godwit

摄影：彭国胜

摄影：彭国胜

摄影：刘冰

形态特征 中等体型的涉禽，体长36～44厘米。嘴长而直，先端黑色，基部淡红色。翼整体呈灰褐色，上面具一道白色长带，飞行时甚明显。尾羽基部白色，端部有一宽黑带。繁殖羽头、颈至上胸栗棕色，背黑色而杂有浅褐色及栗色斑。腹白，胸和两胁具黑色横斑。非繁殖羽头颈至胸淡褐色，上体灰褐色，下体灰白。脚长，深灰色。

生活习性 栖息于海边或平原地带的泥质滩涂、沼泽、河中的沙洲等。常边走边将嘴插进泥土中觅食，主要以昆虫、软体动物、甲壳类等小型无脊椎动物为食。

分布居留 较少见的旅鸟。可见于汶河流域。

保护状况 IUCN:NT；国家保护的有重要生态、科学、社会价值的陆生野生动物。

小杓鹬* 小油老罐

Numenius minutus　Little Curlew

摄影：刘兆瑞

摄影：桑新华

形态特征　小型涉禽，体长29～32厘米，为体型最小的杓鹬。嘴呈黑色，较其他杓鹬短，先端略向下弯。头顶中央具皮黄色冠纹，两侧冠纹为黑色，有白色眉纹和黑色过眼纹。上体羽毛黑褐色而具皮黄色羽缘，整体羽色斑驳。前颈和胸浅黄褐色，腹白，胸侧和两肋具黑色横斑。飞羽黑色，尾灰褐色，具黑色横斑。

生活习性　迁徙和越冬季节主要栖息于近海的水边草地、湿地、农田等。主要以昆虫、软体动物等小型无脊椎动物为食，也吃一些草籽。

分布居留　少见的旅鸟。可见于汶河流域。

保护状况　IUCN:LC；国家二级保护野生动物。

中杓鹬 *

Numenius phaeopus Whimbrel

摄影：彭国胜

形态特征 中等体型的涉禽，体长40~46厘米。整体似白腰杓鹬而较小。嘴黑色，细长而下弯，短于白腰杓鹬但长于小杓鹬。头顶及上体主要为斑驳的褐色；头部中央冠纹和眉纹近白色，与黑褐色的侧冠纹和过眼纹对比明显。颈至胸近白色，具细碎的灰褐色纵纹；腹中部白色，两胁、腹两侧和尾下覆羽白色而具黑褐色横斑。腰褐色或近白色，尾上覆羽和尾羽灰色，尾羽具黑色横纹。

生活习性 迁徙季节栖息于海边或平原地带的滩涂、河流、湖岸、近水的草地等。一般单独或成小群觅食，迁飞时会结大群。常边走边将嘴插进泥土中觅食，主要以甲壳类、昆虫、软体动物等小型无脊椎动物为食。

分布居留 少见的旅鸟。春季可见于汶河流域。

保护状况 IUCN:LC；国家保护的有重要生态、科学、社会价值的陆生野生动物名录。

白腰杓鹬 *

Numenius arquata　Eurasian Curlew

摄影：刘兆瑞

摄影：于瑞华

形态特征　体型较大的涉禽，体长57～63厘米。嘴甚细长而下弯，黑色，下嘴基部红色。脚长，青灰色。头顶及上体淡褐色，布满黑褐色纵纹；背部纵纹比头颈粗，呈斑块状。前颈至胸淡褐色，具灰褐色纵纹。其余下体白色，两胁具黑褐色纵纹。腰白色。尾羽白色，具黑色横纹。

生活习性　栖息于海边或平原地带的河流、湖岸、水边草地、农田等。常边走边将嘴插进泥土中觅食，主要以甲壳类、昆虫、软体动物等小型无脊椎动物为食。

分布居留　少见的旅鸟。可见于汶河流域、天平湖等。

保护状况　IUCN:NT；国家保护的有重要生态、科学、社会价值的陆生野生动物；山东省重点保护野生动物。

鹤　鹬

Tringa erythropus　　Spotted Redshank

繁殖羽/摄影：刘冰

非繁殖羽/摄影：张培栋

摄影：刘兆瑞

形态特征　体型较小的涉禽，体长26～33厘米。嘴细长而尖，黑色，仅下嘴基部红色。繁殖羽通体黑色，背和两胁具白色斑，眼圈白色，下背和上腰白色，下腰至尾具灰白相间的横斑。非繁殖羽上体主要呈灰褐色，头部有白色眉纹，腹白，胸侧和两胁具灰褐色横斑。脚细长，为红色。

生活习性　非繁殖期栖息于海边或平原地带的湖泊、河岸、河中沙洲、海滨滩涂、沼泽等。常在水边泥质滩涂和浅水处边走边觅食，主要以甲壳类、软体动物、昆虫、环节动物等小型无脊椎动物为食。

分布居留　旅鸟。可见于汶河流域。

保护状况　IUCN:LC；国家保护的有重要生态、科学、社会价值的陆生野生动物。

红脚鹬* 赤足鹬　东方红腿

Tringa totanus　Common Redshank

摄影：桑新华

形态特征　体型较小的涉禽，体长26～29厘米。体形似鹤鹬，嘴黑色，上下嘴基部皆为红色。繁殖羽上体灰褐色，密布黑纹；下体白色，具黑色斑。非繁殖羽色较浅，似鹤鹬的非繁殖羽，上体灰褐色，头、侧颈至胸布满淡褐色纵纹，下体白色。脚红色。

生活习性　非繁殖期多栖息于海边的滩涂、沼泽，有时也去内陆的水域。常在水边泥质滩涂和浅水处觅食，主要以螺、甲壳类、昆虫、环节动物等小型无脊椎动物为食。

分布居留　较少见的旅鸟。可见于汶河流域。

保护状况　IUCN:LC；国家保护的有重要生态、科学、社会价值的陆生野生动物。

泽 鹬

Tringa stagnatilis Marsh Sandpiper

摄影：彭国胜

摄影：刘冰

形态特征 体型较小的涉禽，体长19～26厘米。嘴细长而直，黑色。繁殖羽上体灰褐色并具黑色斑。腰白色，并向上延伸至下背，呈三角形。下体白色。翼下覆羽主要为白色。非繁殖羽上体浅灰色。脚长，黄绿色，飞行时向后伸出超过尾端。

生活习性 栖息于河流、湖泊、沼泽、滩涂等地带。常在水边和浅水处觅食，边走边啄食或将嘴插入泥土觅食，主要以昆虫、环节动物、甲壳类等小型无脊椎动物为食。

分布居留 旅鸟。春秋季节见于汶河流域。

保护状况 IUCN:LC；国家保护的有重要生态、科学、社会价值的陆生野生动物。

青脚鹬

Tringa nebularia Common Greenshank

摄影：彭国胜

摄影：刘兆瑞

摄影：张培栋

形态特征 中等体型的涉禽，体长30～35厘米。整体似泽鹬而较大。嘴长而略上翘；基部较粗，蓝灰色；尖端黑色。上体灰褐色而具黑色和白色纹，上背至尾覆羽白色。下体白色，头、颈、胸具黑色纵纹。非繁殖羽仅胸侧有不明显纵纹。翼下覆羽和腋羽密布褐色横斑。脚长，蓝绿色，飞行时脚突出尾后。与泽鹬主要区别为嘴的形态、翼下覆羽颜色、体型大小和脚的长度。

生活习性 栖息于河流、湖泊、沼泽、滩涂等地带。常在水边和浅水处觅食，边走边啄食或将嘴插入泥土觅食，主要以昆虫、环节动物、甲壳类等小型无脊椎动物为食。

分布居留 旅鸟。春秋季节见于汶河流域。

保护状况 IUCN:LC；国家保护的有重要生态、科学、社会价值的陆生野生动物。

白腰草鹬

Tringa ochropus Green Sandpiper

摄影：孙桂玲

形态特征 小型涉禽，体长20～24厘米。嘴长，灰褐色，尖端黑色。上体色深，翼上下均为近黑色。腰和腹白色。尾羽白色，末端具黑色横斑。繁殖羽上体黑褐色而具白色斑，白眉纹仅在眼先；非繁殖羽有白眉纹，上体颜色偏灰，胸部纵纹较淡。脚灰绿色。

生活习性 非繁殖期栖息于河流、湖泊、沼泽、水塘、滩涂等地带，适应力强，能忍受污染的水，甚至多见于城区干扰较少而有泥滩的河流中。常在水边和浅水处觅食，边走边啄食或将嘴插入泥土觅食，主要以水丝蚓等水生环节动物、甲壳类、昆虫等小型无脊椎动物为食。鸣声清亮悦耳，被惊飞时常鸣叫，降落后常上下晃动身体后部。

分布居留 甚常见的水鸟，为旅鸟或冬候鸟。分布于城区及城郊具泥滩的河流、湖泊等水域。

保护状况 IUCN:LC；国家保护的有重要生态、科学、社会价值的陆生野生动物。

林　鹬　林札子

Tringa glareola　Wood Sandpiper

摄影：孙桂玲

形态特征　小型涉禽，体长19～23厘米。嘴长，黑色。繁殖羽头、后颈黑褐色，具白色细纵纹。头部具有白色眉纹和黑褐色过眼纹。背黑褐色，布满明显的白色斑点。胸白色，具黑褐色纵纹。腹白色。翼下覆羽和腋羽白色。腰和尾白色，尾末有黑褐色横斑。脚较白腰草鹬长，暗黄色或黄绿色。

生活习性　非繁殖期栖息于河流、湖泊、沼泽、水塘、滩涂等水域。常在水边和浅水处觅食，边走边啄食或将嘴插入泥土觅食，主要以昆虫、环节动物、甲壳类、软体动物等小型无脊椎动物为食。性机警，遇到人立即飞逃，边飞边叫，降落时两翼常上举。

分布居留　旅鸟。分布于汶河流域。

保护状况　IUCN:LC；国家保护的有重要生态、科学、社会价值的陆生野生动物。

矶　鹬

Actitis hypoleucos Common Sandpiper

摄影：刘冰

形态特征 体型较小的鹬，体长16～22厘米。嘴相较其他鹬类短，黑褐色。上体黑褐色，具有绿灰色光泽，并具黑色细横纹。下体白色，颈侧灰褐色。在翼折起时，其前方有一白色斑连接至腹部。头部具浅色眉纹和黑褐色过眼纹。翼上面黑褐色，具一明显的白色横带。尾羽末端白色，飞行时较明显。脚灰绿色。

生活习性 栖息于低山或平原的河流、湖岸、沼泽、水塘、滩涂等地带。常在浅水处、水边或草地觅食，主要以昆虫、甲壳类、螺类、水丝蚓等小型无脊椎动物为食。行走时常上下点头。繁殖期5～7月，营巢于水边草丛的地上，巢甚简陋。

分布居留 主要为旅鸟。分布于汶河流域。

保护状况 IUCN:LC；国家保护的有重要生态、科学、社会价值的陆生野生动物。

翻石鹬 *

Arenaria interpres　Ruddy Turnstone

非繁殖羽/摄影：刘冰

繁殖羽/摄影：叶翔燕

形态特征　体小的涉禽，体长18～25厘米。嘴短，黑色，基部色浅。脚较短，橙红色。繁殖羽背部棕红色，杂有黑色和白色斑；头主要为白色，头顶具黑色纵纹，脸和颈侧具黑斑；胸黑色，腹和尾下覆羽白色。非繁殖羽背部的红棕色变为暗褐色，胸黑褐色，头颈的黑白对比不明显。雌鸟似雄鸟但色较暗。

生活习性　栖息于滨海的滩涂、河口，迁徙期也会经过内陆的水域。取食小型的软体动物、甲壳类、环节动物和昆虫等，觅食行为很有特色，时常用嘴翻开石块、水草团等，寻找其下隐藏的食物；也会直接啄食或抢夺滨鹬类获取的食物。

分布居留　少见旅鸟。可见于汶河流域。

保护状况　IUCN:LC；国家保护的有重要生态、科学、社会价值的陆生野生动物。

红颈滨鹬 *

Calidris ruficollis　Red-necked Stint

非繁殖羽/摄影：刘冰

繁殖羽/摄影：张培栋

摄影：彭国胜

形态特征　体小的鹬，体长约15厘米。嘴和脚黑色。繁殖羽头、颈棕红色，头顶具黑色细纵纹，其余上体栗色，杂有黑色斑和浅色羽缘；胸前具黑斑，腹白色。非繁殖羽上体多为灰褐色，杂有深褐色斑，头部具白色眉纹，喉白；下体白色。

生活习性　非繁殖期主要栖息于滨海滩涂、河口，有时也去内陆。常成群活动，在水边快速行走，停下时觅食，取食浅水或泥中的小型无脊椎动物。

分布居留　较少见的旅鸟。可见于汶河流域。

保护状况　IUCN:NT；国家保护的有重要生态、科学、社会价值的陆生野生动物；山东省重点保护野生动物。

青脚滨鹬*

Calidris temminckii　Temminck's Stint

摄影：孙桂玲

形态特征　体小的鹬，体长约14厘米。嘴较短，黑色。脚黄绿色。外侧尾羽为纯白色，此特征不同于其他滨鹬。繁殖羽上体主要呈灰褐色，白色眉纹和深褐色过眼纹在眼先较明显，头颈具深褐色纵纹，背和肩杂有深色斑。非繁殖羽上体灰色，具不明显的黑色斑；下体均为白色。

生活习性　栖息于滨海滩涂、河口，或内陆具泥质滩涂的河流、湖泊、沼泽等。常成群活动，在水边边走边觅食，取食浅水或泥中的小型无脊椎动物。

分布居留　较少见的旅鸟。可见于汶河流域。

保护状况　IUCN:LC；国家保护的有重要生态、科学、社会价值的陆生野生动物。

黑腹滨鹬 *

Calidris alpina Dunlin

繁殖羽/摄影：张培栋

非繁殖羽/摄影：张培栋

非繁殖羽/摄影：张培栋

形态特征 体小的鹬，但为相对较大的滨鹬，体长16～22厘米。嘴尖端向下略弯，黑色。繁殖羽腹部中央有明显的黑斑，其余下体为白色；头顶红棕色，具黑色细纵纹；眉纹白色，颊、颈和胸有黑褐色细纵纹；上体红棕色，杂有黑色斑和白色羽缘；翅上有白色带斑；腰和尾羽中央黑色，两侧白色。非繁殖羽上体灰色，具黑褐色细纵纹；腹白色，无黑斑。

生活习性 栖息于滨海或河流、湖泊、水塘沿岸泥质滩涂或岸边的沼泽、草地。常在滩涂上快速行走，并在小跑一段后停下啄食，也会边走边觅食。主要食物为小型软体动物、环节动物、甲壳类、昆虫等。

分布居留 较少见的旅鸟。可见于汶河流域。

保护状况 IUCN:LC；国家保护的有重要生态、科学、社会价值的陆生野生动物。

长趾滨鹬 *

Calidris subminuta　Long-toed Stint

摄影：孙桂玲

摄影：张培栋

摄影：张培栋

形态特征 体小的鹬，体长13～15厘米。嘴较短，黑色。脚黄绿色。繁殖羽上体主要呈斑驳的褐色，下体白色；头部具白色眉纹，头顶至后颈棕色，具黑褐色细纵纹；颈侧和胸侧淡棕色，具黑色纵纹；背部具深色斑，在飞翔时可形成“V”形的白色带斑；翼上具白色翅带，尾羽两侧白色。非繁殖羽上体暗灰褐色，胸具棕色纵纹。

生活习性 栖息于滨海的滩涂、河口，或内陆具泥质滩涂的河流、湖泊、沼泽等。在水边边走边觅食，取食小型昆虫、软体动物、甲壳类、环节动物等。

分布居留 较少见的旅鸟。可见于汶河流域。

保护状况 IUCN:LC；国家保护的有重要生态、科学、社会价值的陆生野生动物。

尖尾滨鹬*

Calidris acuminata　Sharp-tailed Sandpiper

摄影：孙桂玲

摄影：刘国强

形态特征　体小的鹬，但为较大的滨鹬，体长16～23厘米。嘴略微向下弯，黑色。脚黄绿色。繁殖羽头顶红棕色而具黑色纵纹，与相对色浅的颈侧对比较为明显；眉纹黄白色，在眼后较明显；上体主要为黑褐色，具皮黄色或褐色羽缘，整体较斑驳；上胸棕黄色，具黑色细纵纹；其余下体主要为白色，下胸和两肋具黑色“V”形斑。非繁殖羽相对偏灰色，头顶棕色较浅，眉纹更明显，下体斑较少。

生活习性　非繁殖期主要栖息于沿海及附近的滩涂、河口。在水边边走边觅食，取食昆虫、软体动物、甲壳类等。

分布居留　较少见的旅鸟。可见于汶河流域。

保护状况　IUCN:LC；国家保护的有重要生态、科学、社会价值的陆生野生动物。

弯嘴滨鹬 *

Calidris ferruginea　Curlew Sandpiper

繁殖羽/摄影：刘兆瑞

形态特征　体小的鹬，但为较大的滨鹬，体长19～23厘米。嘴黑色，较长，明显下弯。脚灰黑色。繁殖羽头、颈、胸至腹棕红色，头顶具黑色细斑，眼周常为白色，腹和两胁具黑斑；上体棕色、白色和黑色相杂，翼上具明显白色翼带，翼下和尾下覆羽白色；腰白色；尾羽灰褐色。非繁殖羽具白色眉纹，眼先有深色带；上体灰褐色，具皮黄色羽缘；下体白色，胸沾有黄褐色，具不明显的灰色细纵纹。

生活习性　非繁殖期主要栖息于沿海滩涂、河口、湖泊、河流、沼泽等。常成群在水边或浅水处边走边觅食，取食甲壳类、软体动物、蠕虫和水生昆虫等。

分布居留　较少见的旅鸟。可见于汶河流域。

保护状况　IUCN:NT；国家保护的有重要生态、科学、社会价值的陆生野生动物。

阔嘴鹬

Calidris falcinellus Broad-billed Sandpiper

摄影：桑新华

形态特征 体小的鹬，体长16～18厘米。嘴黑色，较长，在尖端微向下弯折，下弯的变化比黑腹滨鹬明显。脚暗绿褐色。繁殖羽头顶部整体由黑白相间的纵纹组成：过眼纹及头顶暗褐色；眉纹白色，在眼前上方分叉，向后成为两道眉纹，其中上面的眉纹较细；头侧、前颈、胸及两胁前部白色而缀有灰褐色细纵纹；背、肩及三级飞羽黑褐色而缀有白色和棕色羽缘，并在背上形成“V”形白斑；翼上面主要呈暗灰褐色，具一道白色较窄的翼带，翼下覆羽白色；腹和尾下覆羽白色。非繁殖羽头部色较浅，上体主要为淡灰褐色，并具白色羽缘。幼鸟似成鸟繁殖羽但胸较多皮黄色且纵纹不明显；翼上覆羽羽缘较宽，为皮黄色。

生活习性 非繁殖期主要栖息于沿海滩涂、河口等，迁徙时偶尔也出现于内陆湿地。常成小群或与其他鹬类混群活动，边走边啄食或将嘴插入泥中觅食，取食甲壳类、软体动物等小型无脊椎动物。

分布居留 罕见的旅鸟。20世纪80年代记录于泰山附近水域，近年来暂无记录。

保护状况 IUCN:LC；国家保护的有重要生态、科学、社会价值的陆生野生动物。

红颈瓣蹼鹬*

Phalaropus lobatus　Red-necked Phalarope

摄影：张培栋

摄影：于瑞华

繁殖羽/摄影：张培栋

形态特征　体小的水鸟，体长18～21厘米。嘴黑色，直而尖细。雌鸟较雄鸟个体略大且羽色更为鲜艳。繁殖羽雌鸟头部大部分为灰黑色，眼上方有一小白斑，颏和喉为白色；颈后侧灰黑色，前颈至颈侧为栗红色，且在两侧向上延伸至头侧；背和肩灰黑色，具四条明显的金黄色纵带；腰和尾暗灰色，腰侧白色；翼上面主要为灰黑色，大覆羽末端白色，形成白色翼带；胸侧灰色，两胁杂有灰色，其余下体白色。繁殖羽雄鸟似雌鸟而上体色彩较暗淡，眼上方的白斑较大，颈部的栗红色区域较雌鸟偏棕色，上体多皮黄色羽缘。非繁殖羽雌雄相似，头主要为白色，额白，头顶至颈后侧深灰色，眼后具黑色斑带；上体主要呈深灰色，并具白色羽缘；下体白色，胸侧和两胁杂有灰色。脚灰黑色，脚趾上具瓣蹼。

生活习性　非繁殖期主要栖息于滨海的浅水处，偶尔也去内陆的湖泊、河流。擅长游泳，常凫于水面休息。主要食物为小型无脊椎动物，常在水上觅食。

分布居留　罕见的旅鸟。2017年5月于汶河记录到一只。

保护状况　IUCN:LC；国家保护的有重要生态、科学、社会价值的陆生野生动物；山东省重点保护野生动物。

三趾鹑科

Turnicidae

小型陆禽，似鹌鹑而小，身体较为矮胖，翼短而尖，尾短，脚上仅具向前的三趾；雌鸟较雄鸟略大且较鲜艳。生活于灌草丛中，习性隐蔽胆怯，善走。杂食性。一雌多雄制，营巢于地面上，雏鸟为早成鸟。

黄脚三趾鹑* 地莽牛

Turnix tanki　Yellow-legged Buttonquail

摄影：桑新华

形态特征　体小的陆禽，体长12～18厘米。体形似鹌鹑而小。背部栗褐色，具黑色和白色斑点。颈侧土黄色，具有黑色横斑。胸橙栗色，腹部土黄色，两侧具有黑斑。飞羽黑褐色，飞行时与棕色具有黑斑的翅上覆羽对比明显。雌鸟略大于雄鸟且较鲜艳。嘴黄色。脚仅有三趾，黄色。

生活习性　栖息于农田、草地中。性羞怯，十分隐蔽，很少起飞，因而难以见到。杂食性，吃草籽、浆果和昆虫等。鸣声为拖长的沉闷的“呜——”声。

分布居留　夏候鸟或旅鸟。春秋季节迁徙经过本区城郊的农田、河边。

保护状况　IUCN:LC；国家保护的有重要生态、科学、社会价值的陆生野生动物。

燕鸻科

Glareolidae

体型中等偏小的涉禽，嘴较短，基部宽阔；翼狭长，翼端尖锐，形似燕类；尾较平或内凹；腿较短。栖息于湿地及附近，善飞行，飞行姿势较似燕类，会在空中飞捕飞虫，也能在地上觅食，食物主要为昆虫等。营巢于地面，雏鸟为早成鸟。

普通燕鸻　东方燕鸻　土燕子

Glareola maldivarum　Oriental Pratincole

繁殖羽/摄影：刘冰

幼鸟/摄影：孙桂玲

形态特征　小型水鸟，体长20～28厘米。体形近似燕类，嘴较短而基部宽，翼尖而长，尾呈叉状。嘴黑色而基部红色。上体呈茶褐色，颈至胸黄褐色，腹白。喉棕白色，眼下方有一黑线，围绕至喉部闭合呈半环状。飞羽黑褐色，腋羽和翼下覆羽栗红色。腰至尾羽基部白色，飞行时明显。尾羽尖端黑色。脚灰褐色。

生活习性　栖息于平原开阔地带的水域、沼泽和水域附近的沙洲、草地。非繁殖季节常结群活动。善飞，飞行迅速。会在地面啄食昆虫或甲壳类，也会在空中飞捕昆虫。繁殖期5～7月。营巢于水边或水中沙土地上，巢简陋。

分布居留　旅鸟或夏候鸟。迁徙季节可见于汶河流域。

保护状况　IUCN:LC；国家保护的有重要生态、科学、社会价值的陆生野生动物。

鸥科

Laridae

体型中等或较小的水鸟，体色多以白色间以灰色或黑色为主，翼尖而长，脚较短，前三趾间具有蹼，后趾短小。主要栖息于近海或内陆的水域，常飞行于水面上的空中。雏鸟出壳后全身布满绒羽，形态似早成鸟，但实为晚成鸟，需在巢内由亲鸟喂养。

鸥类嘴直，上嘴端常下弯呈钩状，尾为圆形，整体较燕鸥类显粗壮。食物为鱼类以及其他水生动物等，也会食腐。

燕鸥类飞行时形态较似燕类，较鸥科鸟类轻盈，嘴直而尖，尾呈叉状。不食腐。有的种类会筑浮巢。

红嘴鸥

Chroicocephalus ridibundus　Black-headed Gull

摄影：张培栋

形态特征　体型偏小的鸥类，体长35～43厘米。嘴较为尖细。繁殖羽嘴暗红色而嘴尖黑色，头至喉暗褐色，背和翼上覆羽浅灰色，初级飞羽端部黑色，次级飞羽浅灰色而端部白色，身体其余部分为白色。非繁殖羽嘴鲜红色，头部主要为白色，眼后及耳羽具灰褐色斑。脚为红色。幼鸟似成鸟非繁殖羽而上体多杂有褐色斑，尾端为黑色，嘴和脚较成鸟偏黄色。

生活习性　栖息于滨海或内陆的湖泊、河流、水库、较大的人工湖等水域。常结群活动，飞行于水面上，伺机入水捕食鱼类及其他小型水生动物；休息时凫于水面或立于水边岩石、木桩上。

分布居留　主要为旅鸟。迁徙季节见于汶河流域等水域。

保护状况　IUCN:LC；国家保护的有重要生态、科学、社会价值的陆生野生动物。

黑尾鸥*

Larus crassirostris Black-tailed Gull

摄影：孙桂玲

摄影：于瑞华

形态特征 中等体型的鸥类，体长43～51厘米。嘴黄色，嘴尖红色，其后具黑色带。眼黄色，眼睑红色。成鸟繁殖羽头、颈及下体白色；背及两翼深灰色，外侧初级飞羽黑色，内侧初级飞羽及次级飞羽末端白色；尾基部白色，端部黑色，形成一宽阔的黑带，具白色端缘。脚黄色。非繁殖羽头后具灰褐色斑。幼鸟褐色，羽缘色浅，嘴偏粉色，脚粉色。第二年幼鸟相较成鸟头颈白色而沾灰色，翅上褐色较多。

生活习性 主要栖息于沿海及近海的水域，迁徙时也会经过内陆地区。常集群活动，在海上捕食鱼类和一些海生无脊柱动物，也会捡食腐肉、垃圾等。

分布居留 旅鸟。迁徙季节见于汶河流域、天平湖等水域。

保护状况 IUCN:LC；国家保护的有重要生态、科学、社会价值的陆生野生动物。

普通海鸥* 海鸥

Larus canus　Mew Gull

摄影：桑新华

形态特征　中等体型的鸥类，体长45～51厘米。繁殖羽嘴黄色，头、颈及下体白色，背及翼上覆羽灰色；外侧初级飞羽黑色并具白色亚端斑，其余初级飞羽仅端部黑色；次级飞羽灰色而具白色端；尾白色。非繁殖羽头颈具浅褐色纹，嘴前部具黑色斑。幼鸟上体多杂有灰褐色斑点，嘴端具黑色带，尾端具黑色宽带。

生活习性　迁徙时主要栖息于沿海地区，也会出现在内陆较大的河流、湖泊。常成对或成小群活动，主要捕食小型鱼类和一些水生无脊柱动物。

分布居留　少见的旅鸟。迁徙季节见于汶河流域等水域。

保护状况　IUCN:LC；国家保护的有重要生态、科学、社会价值的陆生野生动物。

西伯利亚银鸥* 织女银鸥

Larus smithsonianus　Siberian Gull

摄影：桑新华

形态特征　体型较大鸥类，体长约62厘米。嘴黄色，近嘴端处有一红色点斑。繁殖羽头、颈、胸、腹白色，背及翼上覆羽浅灰色；初级飞羽黑色具白斑，次级飞羽和三级飞羽灰色而端部白色；翅膀折叠于体侧时，肩部具一白斑，初级飞羽处具五枚大小相等的白色翼尖；尾白色。非繁殖羽头部和颈背具浅褐色纵纹；脚粉色。幼鸟嘴黑色，第一年冬羽上体呈斑驳的黑褐色，整体多褐色斑，尾末具黑色宽阔带斑；第二年额、胸、腹和尾基部白色。

生活习性　迁徙时主要栖息于沿海地区，也会出现在内陆较大的河流、湖泊。常成对或成小群活动，主要食鱼和水生无脊椎动物，也吃鸟卵、腐肉和垃圾。

分布居留　少见的旅鸟。迁徙季节偶见于汶河流域等水域。

保护状况　IUCN:LC；国家保护的有重要生态、科学、社会价值的陆生野生动物。

过去认为是银鸥*L. argentatus*的亚种。

黄腿银鸥* 黄脚银鸥

Larus cachinnans　Caspian Gull

摄影：赵国君

亚成鸟/摄影：赵国君

形态特征　体型较大鸥类，体长约60厘米。整体甚似西伯利亚银鸥，但成鸟繁殖羽背及翼上覆羽较西伯利亚银鸥色浅；非繁殖羽头部白，仅具很少的纵纹。

生活习性　似西伯利亚银鸥，但迁徙季节较多经过内陆。

分布居留　少见的旅鸟。迁徙季节偶见于汶河流域等水域。

保护状况　IUCN:LC；国家保护的有重要生态、科学、社会价值的陆生野生动物。

过去认为是银鸥*L. argentatus*的亚种。

灰翅浮鸥 须浮鸥

Chlidonias hybrida Whiskered Tern

摄影：刘兆瑞

幼鸟/摄影：彭国胜

摄影：张艳然

形态特征 体小的燕鸥类，体长23～28厘米。暗红色的嘴尖而细，翼尖，尾具浅叉。繁殖羽额、头顶至后颈黑色，头侧、颈侧和喉白色；背、翼和尾灰色；前颈和胸深灰色，腹近黑色，与灰白色的翼下覆羽及白色的尾下覆羽对比明显。非繁殖羽下体白色；额白色，头顶至头后的黑色区域杂有白色细纹。幼鸟似成鸟非繁殖羽而上体杂有黑褐色斑纹。脚为暗红色。

生活习性 栖息于较为开阔的湖泊、河流等水域。常成群飞于水上，入水捕食鱼、虾等。休息时会立于水边或水中木桩上。叫声较为粗粝。繁殖期4月底～7月，集群营巢于开阔的、多芦苇等挺水植物的静水水域浅水上。巢为浮巢，浮于水面，由芦苇、香蒲等的茎秆作底，上面衬以较柔软的水生植物。

分布居留 常见的夏候鸟。见于汶河流域、天平湖等水域。

保护状况 IUCN:LC；国家保护的有重要生态、科学、社会价值的陆生野生动物。

白翅浮鸥

Chlidonias leucopterus　White-winged Tern

摄影：孙桂玲

摄影：桑新华

摄影：赵国君

形态特征　体小的燕鸥类，体长20～26厘米。体型似灰翅浮鸥。繁殖羽嘴暗红色，头、颈、背、胸至腹及翼下覆羽皆为黑色，翼上的小覆羽白色，翼其余部分灰色；尾近白色，尾上和尾下覆羽白色，远看黑色和灰色区域对比甚为明显。非繁殖羽整体色浅；嘴黑色；头部主要为白色，额白色，头顶后部、眼后至耳区杂有黑色；上体浅灰色，下体白色。幼鸟似成鸟非繁殖羽但上体多杂有灰褐色。脚为暗红色。
生活习性　栖息于较为开阔的湖泊、河流等水域。常成群或与灰翅浮鸥混群活动，习性似灰翅浮鸥，在水域上方飞行，发现食物后飞下捕食。主要食物为小型鱼虾、水生昆虫等。
分布居留　旅鸟或夏候鸟。见于汶河流域、天平湖等水域。
保护状况　IUCN:LC；国家保护的有重要生态、科学、社会价值的陆生野生动物。

鸥嘴噪鸥

Gelochelidon nilotica Gull-billed Tern

摄影：桑新华

摄影：桑新华

形态特征 中等体型的燕鸥类，体长31～39厘米。嘴较浮鸥类粗，黑色。整体羽色浅。繁殖羽自嘴基至头后的整个头顶部为黑色，背、翼和一对中央尾羽淡灰色，初级飞羽端部深灰色，身体其余部分白色。非繁殖羽头部主要为白色，耳区具深灰色斑。幼鸟似成鸟冬羽而多杂有黑褐色斑。脚为黑色。

生活习性 栖息于具有稀疏挺水植物，较为开阔的湖泊、河流、海边、河口等水域，非繁殖期主要分布于滨海地区。单独或成小群活动，常在水面飞翔，伺机入水，捕食鱼虾、昆虫及其他水生无脊椎动物等。

分布居留 少见的旅鸟。见于汶河等水域。

保护状况 IUCN:LC；国家保护的有重要生态、科学、社会价值的陆生野生动物；山东省重点保护野生动物。

普通燕鸥

Sterna hirundo　Common Tern

摄影：刘冰

形态特征　中等体型的燕鸥，体长31～38厘米。翼尖长，尾明显分叉，两侧尾羽延长。繁殖羽自额至枕部的头顶部为黑色，背和翼灰色，初级飞羽端部色深，胸沾淡灰色，身体其余部分白色。非繁殖羽前额白色。幼鸟似成鸟非繁殖羽，但上体多杂有褐色并具黑色次端斑，嘴基部橘红色。亚种*S. h. longipennes*成鸟嘴黑色，脚黑色或暗红色；亚种*S. h. tibetana*嘴基部红色，嘴尖黑色，脚暗红色。

生活习性　栖息于内陆或沿海的河流、湖泊、河口、海边等较开阔的水域。常成小群活动，飞翔于水面上，伺机入水捕食小型鱼类、甲壳类等小型水生动物。

分布居留　旅鸟或夏候鸟。迁徙季节见于汶河等水域。

保护状况　IUCN:LC；国家保护的有重要生态、科学、社会价值的陆生野生动物。

白额燕鸥

Sternula albifrons Little Tern

摄影：孙桂玲

摄影：桑新华

形态特征 小型燕鸥，体长23～28厘米，似普通燕鸥而体型较小，尾分叉明显。繁殖羽嘴黄色而嘴尖黑色，额白色，黑色的过眼纹与头顶至枕部的黑色区域相连，背和翼为灰色，身体其余部分白色。非繁殖羽嘴近黑色，头顶部近白色。幼鸟似成鸟非繁殖羽而上体多杂有黑褐色，尾羽末端褐色。

生活习性 栖息于沿海及内陆的湖泊、河流、水塘等水域。常结群飞行于水面上，入水捕鱼。繁殖期5～7月，营巢于海边或湖岸的漫滩、沙地上。

分布居留 夏候鸟或旅鸟。可见于汶河流域。

保护状况 IUCN:LC；国家保护的有重要生态、科学、社会价值的陆生野生动物。

鹳形目

CICONIIFORMES

鹳科

Ciconiidae

大型涉禽；体较其他涉禽粗壮，飞行时颈向前伸直，双腿向后伸直。嘴长而尖，较粗壮；翼甚为宽大，展开时初级飞羽呈指叉状分开，形成翼指；尾短，腿长。主要生活在水域附近，捕食鱼虾等水生动物，会平展双翼乘着上升气流翱翔。巢较大，由树枝构成，一般筑于岩壁上、树上、电线杆上等高处。

黑　鹳*

Ciconia nigra　Black Stork

摄影：孙桂玲

形态特征　大型涉禽，体长100～120厘米。体色鲜明，全身羽毛大部分为黑色，并有紫绿色金属光泽；仅下胸、腹至尾下覆羽及两胁为白色。嘴红色；眼褐色，眼周裸露皮肤红色；脚红色。亚成鸟的头颈至上胸深褐色，其余黑色羽毛较少光泽，嘴、脚褐灰色或橙红色。

生活习性　栖息于山区附近水域及开阔湿地，偏爱较少干扰的区域。主要取食鱼和其他水生动物。繁殖期4～7月，主要活动于偏僻山区，营巢于峭壁上。成鸟不能鸣叫，依靠上下嘴互相拍击发声。

分布居留　罕见旅鸟或夏候鸟。迁徙时偶见于汶河流域，繁殖期时曾在泰山记录到两只。

保护状况　IUCN:LC；国家一级保护野生动物。

东方白鹳* 老鹳

Ciconia boyciana Oriental Stork

摄影：桑新华

形态特征 大型涉禽，体长110～128厘米。全身羽毛大部分为白色，仅飞羽为具有金属光泽的黑色。嘴黑色，长而粗壮。双翼宽阔，飞行时初级飞羽形成指叉。脚甚长，红色。

生活习性 栖息于开阔的湿地，主要以鱼和其他水生动物为食。飞行时头颈向前伸直，双脚拖后，鼓翼缓慢，会借助气流翱翔。很少发出声音，成年后不能鸣叫，主要依靠拍打上下嘴发出声音。

分布居留 少见旅鸟。春季和秋季可见迁徙飞过，但极少在本区域内降落停留。

保护状况 IUCN:EN；国家一级保护野生动物。

鲣鸟目

SULIFORMES

鸬鹚科

Phalacrocoracidae

体型较大、特征较为明显的游禽；颈和尾都较长，飞行时头颈向前伸直，尾的长度与颈近似；站立时身体较直立；游泳时身体大部分沉于水下，颈垂直向上伸出水。整体羽毛多为黑色，羽毛防水性较其他水鸟差；嘴较长，上嘴尖端具钩；脸部裸露；喉部具有喉囊；尾圆形或楔形；腿较短，位于身体后部，脚上的四趾间有蹼相连。生活于水域附近，擅长潜水捕鱼，常站在树上或土堆上晾晒翅膀。

普通鸬鹚　鸬鹚　鱼鹰

Phalacrocorax carbo　Great Cormorant

摄影：张培栋

形态特征　大型水鸟，体长72～90厘米。颈较长，尾羽较长。整体羽色呈黑色。嘴黑色，前端具钩；眼绿色；眼周和喉囊黄色；颊至上喉白色，形成半环状。繁殖羽脸部具红色斑，头部具白色丝状羽毛，下胁部有一白斑。栖息时呈垂直姿势站立。幼鸟色略浅，胸腹部中央白色。

生活习性　常成群活动于河流、湖泊、水库等水域，擅长潜水捕鱼，游泳时身体大部分浸于水中而头颈露出向上方伸直。常在栖于树上时展开双翼晾晒。迁徙时会结大群，排成“人”字形或“一”字形的队伍。

分布居留　春秋季节可见于较大面积的水域，多为旅鸟。

保护状况　IUCN:LC；国家保护的有重要生态、科学、社会价值的陆生野生动物；山东省重点保护野生动物。

鹈形目

PELECANIFORMES

鹮科

Threskiornithidae

中型涉禽；飞行时颈部向前伸直，双腿向后伸直。嘴甚长，嘴端的变化大，一般较钝；脸部常常裸露，颈长；翼较宽大而端部较圆，似鹭类；尾短；腿长。栖息于湿地及附近，主要以小型水生动物为食，营巢于树上。

白琵鹭 *

Platalea leucorodia　　Eurasian Spoonbill

摄影：刘兆瑞

摄影：刘冰

形态特征　较大的涉禽，体长74～95厘米。整体呈白色。嘴整体黑色而先端黄色，长而扁平，前端膨大，呈匙状。眼先、眼周及喉部裸露皮肤黄色。初级飞羽尖端黑色。脚黑色。繁殖羽头后具橙黄色丝状羽冠，颈前下部具橙黄色环带。

生活习性　栖息于较宽的河流、湖泊、水库或沼泽的浅水处，不喜多石或水生植物茂密的水域。取食小型水生动物，常在浅水中边行走边取食。取食时将嘴张开，在水中左右扫动，利用触觉探知食物。飞行时头颈向前伸直，双腿后伸；鼓翼较快，有时滑翔；成群飞行时常排成单行或斜列。

分布居留　少见旅鸟。春、秋季节偶见于汶河流域。

保护状况　IUCN:LC；国家二级保护野生动物。

鹭科 Ardeidae

一般为中型涉禽，飞行时颈部缩起，双腿向后伸直；站立时颈部常弯曲似“S”形，较显驼背。体细瘦，嘴尖而长，颈长；翼较为宽大，翼端部呈圆形；尾较短，腿长。常在水中、水边长时间静立，伺机捕食鱼、蛙等水生动物，捕鱼时俯下身体，缩起的颈瞬间伸直入水。

鹭类一般体型较大，色彩多较鲜明，巢较大，喜集群营巢于树上，也会营巢于苇丛中。

苇鳽类体型较小，活动于芦苇等挺水植物丛中，较隐蔽，巢筑于芦苇间，迁徙常在夜间进行。

大麻鳽

Botaurus stellaris　　Eurasian Bittern

摄影：孙桂玲

摄影：刘兆瑞

形态特征　大型鹭类，体长59～77厘米。身体较胖，颈和脚相对其他鹭类短且较粗。嘴尖但基部较粗。整体呈浅褐色，杂满黑色斑纹。头顶黑色，背部和翅具显著黑斑，颈和胸前具棕褐色纵纹。嘴黄褐色，脚黄绿色。

生活习性　栖息于河流、湖泊、池塘、沼泽等多芦苇等挺水植物的水域，以鱼、虾等水生动物为食。单独或成对活动，通常在晨昏和夜间活动，性隐蔽机警，白天常隐于苇丛中，受惊扰时头颈伸直向上不动，以模仿干枯的芦苇。

分布居留　冬候鸟或旅鸟。可见于汶河流域等水域的苇丛中。

保护状况　IUCN:LC；国家保护的有重要生态、科学、社会价值的陆生野生动物。

黄斑苇鳽　黄苇鳽

Ixobrychus sinensis　Yellow Bittern

摄影：孙桂玲

亚成鸟/摄影：刘兆瑞

雏鸟/摄影：孙桂玲

形态特征　小型鹭类，体长29～38厘米。体型细长，颈较长，腿相对其他鹭类较短，翅较圆。整体呈土黄色，飞羽和尾羽黑色。嘴主要为黄色，嘴峰黑色。雄鸟头顶黑色，雌鸟头顶栗褐色，胸和背部有褐色纵纹。幼鸟多黑褐色纵纹。

生活习性　栖息于河流、湖泊、池塘、沼泽等多芦苇等挺水植物的水域。单独或成对活动，晨昏活动相对更多。性隐蔽机警，常隐藏在苇丛中，立于芦苇上捕鱼，或在浅水中边走边觅食，受惊扰时静止并向上伸长头颈。繁殖期5～7月，筑巢于芦苇或香蒲丛中，巢系于芦苇茎秆之间。

分布居留　夏候鸟。较常见于汶河流域、天平湖等水域的苇丛中。

保护状况　IUCN:LC；国家保护的有重要生态、科学、社会价值的陆生野生动物。

紫背苇鳽

Ixobrychus eurhythmus Von Schrenck's Bittern

雄/摄影：刘冰

雄/摄影：徐良怀

形态特征 小型鹭类，体长29～39厘米。雄鸟头顶栗褐色，腹面浅黄褐色，从喉、前颈至胸的中部有一深栗色纵线。背部紫栗色，翅覆羽灰黄色，飞羽黑色，飞行时色彩对比明显。雌鸟背部具白色细小斑点，胸腹具有褐色纵纹。幼鸟相比雌鸟褐色更重，斑点和纹路更明显。

生活习性 栖息于河流、湖泊、池塘、沼泽等多芦苇等挺水植物的水域。单独或成对活动，通常在晨昏活动，性隐蔽机警，习性似黄斑苇鳽。繁殖期5～7月，营巢于苇丛或其他水中灌草丛的地上。迁徙期常在夜间误入城市。

分布居留 夏候鸟或旅鸟。可见于汶河流域等水域的苇丛中。

保护状况 IUCN:LC；国家保护的有重要生态、科学、社会价值的陆生野生动物。

栗苇鳽　栗小鹭　小水骆驼

Ixobrychus cinnamomeus　Cinnamon Bittern

摄影：刘冰

形态特征　小型鹭类，体长30～38厘米。雄鸟整体呈栗红色，下体颜色较淡，喉黄白色，喉至胸中央有一条褐色纵线，胸两侧杂有少许黑白色斑点。雌鸟背部有白色斑点，腹面土黄色，颈部至胸前有褐色纵纹。幼鸟相较雌鸟更偏褐色，纹更明显。

生活习性　栖息于河流、湖泊、池塘、沼泽等多芦苇等挺水植物的水域。单独或成对活动，通常在晨昏和夜间活动，性隐蔽机警，较少飞行，习性似黄斑苇鳽。

分布居留　夏候鸟。较少见，可见于汶河流域等水域的苇丛中。

保护状况　IUCN:LC；国家保护的有重要生态、科学、社会价值的陆生野生动物；山东省重点保护野生动物。

夜鹭* 哇子

Nycticorax nycticorax Black-crowned Night Heron

摄影：刘兆瑞

幼鸟/摄影：刘冰

摄影：刘国强

摄影：张艳然

形态特征 中型鹭类，体长46～60厘米。嘴长，上嘴黑色，略向下弯。眼红色，眼先绿色。头顶至背部为略带金属光泽的黑绿色，头的枕部有两根细长的冠羽。翅和腰、尾灰色，颊和颈侧浅灰色，腹白色。脚黄色。幼鸟和亚成鸟嘴黄色而上缘黑色，羽色整体呈深褐色，翅膀上遍布白点，颈部具白色纵纹，下体白色较多。

生活习性 栖息于河流、湖泊、池塘、水田、沼泽等水域，适应力强。夜行性，常成群于晨昏活动，白天在树上休息。觅食时常缩着脖子伫立岸边或水中木桩上，伺机捕食鱼等水生动物，也会从空中飞落水边捕鱼。叫声为单调响亮而沙哑的“哇”，常在飞行时发出，故有俗名为“哇子”。

分布居留 本区最常见的鹭类，一年四季可见，多为夏候鸟。繁殖时营巢于城郊甚至城区的林地，如岱庙。泰山山下至黄前、汶河流域的水域都有分布。清晨和黄昏常见其飞过城区。

保护状况 IUCN:LC；国家保护的有重要生态、科学、社会价值的陆生野生动物。

绿　鹭* 绿蓑鹭

Butorides striata　Striated Heron

摄影：刘国强

摄影：桑新华

形态特征　中小型鹭类，体长38～48厘米。嘴长而直，橄榄黑色，下嘴基部黄绿色。头顶和头后的长冠羽黑色带绿色金属光泽。颈浅灰绿色，喉白色。两胁和胸灰色，腹灰白色。肩背部长而窄的羽毛青铜色，中央灰白色。翅上覆羽青铜色带黄白色羽缘，飞羽黑褐色具白色羽缘。尾黑色。脚黄色。幼鸟偏褐色，翅具白点，颈部至胸前具黑褐色纵斑。

生活习性　栖息于树木和灌木较多的河边、河流水淹带或山涧溪流等隐蔽性较强、干扰较少的水域。性孤独且胆怯，偏夜行性。站立时常缩着脖子。常立于树上或石上，会从树上、空中入水捕食鱼类等水生动物。飞行较低，翅膀拍动频率较快。

分布居留　少见旅鸟。春、秋季迁徙时偶尔见于泰山中、低山带溪流和汶河流域水边。

保护状况　IUCN:LC；国家保护的有重要生态、科学、社会价值的陆生野生动物；山东省重点保护野生动物。

池　鹭　红毛鹭　穿背心

Ardeola bacchus　Chinese Pond Heron

繁殖羽/摄影：刘冰

摄影：孙桂玲

幼鸟/摄影：刘冰

形态特征　中小型鹭类，体长37～54厘米。繁殖羽色彩鲜明，头颈和前胸主要为栗红色，喉至前颈中部白色，头后具栗红色细长的冠羽，背部具有蓝黑色长蓑羽，其余部分白色。非繁殖羽头颈至前胸布满白褐相间的纵纹，背部褐色，其余部分白色。嘴黄色而尖端黑色，眼先黄绿色，脚黄色。

生活习性　栖息于河流、湖泊、池塘、水田、沼泽等水域，夜宿于林地，适应力较强。单独或成小群活动，站立时常缩着脖子。常立于水边或在浅水处行走捕食鱼等水生动物，有时会飞落至水上捕鱼。繁殖期4～7月，结群营巢于树上，有时与其他鹭类混群营巢。

分布居留　常见水鸟，夏候鸟。营巢于城郊甚至城区的林地，如岱庙。泰山山下至黄前、汶河流域的水域都有分布。

保护状况　IUCN:LC；国家保护的有重要生态、科学、社会价值的陆生野生动物。

牛背鹭*　黄头鹭　放牛郎

Bubulcus ibis　Cattle Egret

非繁殖羽/摄影：张艳然

繁殖羽/摄影：孙桂玲

繁殖羽/摄影：张艳然

形态特征　中型鹭类，体长46～55厘米。眼黄色，眼先裸露皮肤黄色，嘴橙黄色，脚黑褐色。繁殖羽头颈和背部中央橙黄色，其余部分白色。非繁殖羽全白色。冬季与白鹭主要区别为体型较小，颈部相对短粗，嘴黄色，趾黑色。

生活习性　栖息池塘、河流、水田或水域附近的草地。常成对或成小群活动，主要以昆虫或其他节肢动物为食。常跟随在牛身后或立于牛背上，捕食被牛翻出土壤的昆虫或啄食牛背上的寄生虫。站立时呈驼背状，飞行时颈部缩起，飞行高度通常较低。繁殖期4～7月，营巢于树上。

分布居留　夏候鸟。可见于汶河流域、天平湖等多草的河滩上。

保护状况　IUCN:LC；国家保护的有重要生态、科学、社会价值的陆生野生动物；山东省重点保护野生动物。

白　鹭　小白鹭

Egretta garzetta　Little Egret

繁殖羽/摄影：刘兆瑞

摄影：刘兆瑞

摄影：刘兆瑞

摄影：刘冰

形态特征　中型鹭类，体长52～68厘米，体型小于中白鹭而大于牛背鹭。全身羽毛白色。眼黄色，嘴黑色，腿和跗跖裸露区域黑色，趾黄色。繁殖羽头后具有两根细长的矛状装饰羽，如两条“小辫”；肩、背部和胸前具蓑状装饰羽；眼先偏粉色。非繁殖羽无装饰羽，眼先黄绿色。

生活习性　栖息于河流、湖泊、沼泽、水田等水域。常单独或成小群活动，主要以鱼类等水生动物为食。常在岸边或浅水中静立或边走边觅食，会通过晃动黄色的脚吸引鱼类注意来帮助捕鱼。繁殖期3～7月，结群营巢于大树上，会和其他鹭类混群。

分布居留　常见水鸟，一年四季可见，主要为夏候鸟。在泰山低山至汶河流域的具有浅滩、鱼类相对多的水域皆可见到。

保护状况　IUCN:LC；国家保护的有重要生态、科学、社会价值的陆生野生动物；山东省重点保护野生动物。

中白鹭

Ardea intermedia　Intermediate Egret

繁殖羽/摄影：刘冰

摄影：刘兆瑞

形态特征　中大型鹭类，体长62～70厘米，介于大白鹭和白鹭之间。体形似大白鹭，但颈部相对显短且无扭结。全身羽毛白色。眼先黄色，脚黑色。繁殖羽背部和胸前具细长的蓑羽，嘴黑色。非繁殖羽无蓑羽，嘴黄色而尖端黑色。与大白鹭区别在体型较小，嘴裂仅至眼睛正下方，繁殖羽眼先颜色不同。与白鹭区别在体型较大，脚趾黑色而非黄色，繁殖羽无羽冠，非繁殖期嘴主要呈黄色而非黑色。
生活习性　栖息于河流、湖泊、沼泽等水域，常单独或成小群活动。常在浅水处行走或等待，捕食鱼类等水生动物。飞行时振翅频率稍快于大白鹭。繁殖期4～6月，营巢于树林内。
分布居留　主要为夏候鸟。夏季在汶河流域较为多见，也见于天平湖等水域。
保护状况　IUCN:LC；国家保护的有重要生态、科学、社会价值的陆生野生动物；山东省重点保护野生动物。

大白鹭* 白鹭鸶　大白鹤

Ardea alba　Great Egret

繁殖羽/摄影：刘冰

摄影：刘兆瑞

摄影：张艳然

摄影：刘兆瑞

形态特征　大型鹭类，体长82～100厘米。体形似苍鹭，颈部中上段弯曲处具一似喉结的扭结。全身羽毛白色。繁殖期肩背部和胸前具长而羽枝分散的蓑羽，嘴黑色，眼先蓝绿色，腿部裸出皮肤粉色。非繁殖期无蓑羽，嘴和眼先黄色，腿脚黑色。与中白鹭区别在体型较大，嘴裂一直延伸至眼后，嘴相对较长。

生活习性　栖息于河流、湖泊、沼泽等水域，单只或成小群活动，习性似苍鹭。

分布居留　一年四季皆可见到，冬天相对多见。可见于汶河流域等较大的水域。

保护状况　IUCN:LC；国家保护的有重要生态、科学、社会价值的陆生野生动物；山东省重点保护野生动物。

苍　鹭　灰鹭　老等

Ardea cinerea　Grey Heron

摄影：彭国胜

摄影：孙桂玲

形态特征　大型涉禽，体长75～110厘米。身体较瘦长，嘴、颈和脚都很长。整体呈灰色。嘴黄色。头顶两侧及枕部黑色，并有4根丝状羽毛组成发辫状羽冠。前颈有2～3列排成纵行的黑斑。喉、颈、胸、腹、腿均白色，胸前覆有白色长羽，胸侧具黑斑。飞羽及翼角黑色。幼鸟羽色相对偏灰褐色。

生活习性　栖息于河流、湖泊、沼泽等水域，单独或成小群活动，主要以鱼和其他水生动物为食。常长时间静立水中或水边，缩着脖子或把脖子弯曲成“S”形，等待鱼游近用嘴扎入水中捕食，故有“老等”的别名。飞行时长颈缩起，双脚拖后，鼓翼缓慢。繁殖时营巢于树上或芦苇丛中。

分布居留　四季均可见，但多为冬候鸟或旅鸟。可见于汶河流域、天平湖等较大水域。

保护状况　IUCN:LC；国家保护的有重要生态、科学、社会价值的陆生野生动物；山东省重点保护野生动物。

草鹭

Ardea purpurea Purple Heron

摄影：张艳然

摄影：刘国强

形态特征 大型鹭类，体长80～97厘米。体形似苍鹭。黄色的嘴尖而长。头顶蓝黑色，枕部具两根丝状长羽。颈褐色，两侧各有一条蓝黑色粗纵纹贯穿。背至尾上覆羽灰色，腹部蓝黑色，前颈基部及背部具矛状长羽。初级飞羽及尾羽暗褐色，次级飞羽灰褐色。翅角棕栗色。脚黄褐色。

生活习性 栖息于多芦苇或其他水生植物的河流、湖泊、沼泽等水域，主要以鱼和其他水生动物为食。捕食方式似苍鹭，也会边在浅水中行走边觅食。繁殖期5～7月，多营巢于水域及附近的植物丛中。

分布居留 夏候鸟。可见于汶河流域等多芦苇或其他挺水植物的较大水域。

保护状况 IUCN:LC；国家保护的有重要生态、科学、社会价值的陆生野生动物；山东省重点保护野生动物。

鹰形目

ACCIPITRIFORMES

鹗科

Pandionidae

本科仅有鹗一种。体色黑白相间，翼较长，翼端具有5枚翼指。生活在水域附近，主要捕食鱼类，迁徙时会用脚抓着捕到的鱼类飞行。脚强壮，爪锐利钩曲，脚底布满倒刺。

鹗* 鱼鹰

Pandion haliaetus　Osprey

摄影：张培栋

摄影：彭国胜

形态特征　中型猛禽，体长51～65厘米。翼展约160厘米，翼较狭长，飞行时常展开呈浅“M”形。眼黄色，嘴黑色。额、头顶至枕部白色，额具黑褐色细纵纹，枕部白色，羽毛较细长，形成短羽冠。宽阔的黑色贯眼纹向后延伸，并与后颈的黑褐色相连。上体暗灰褐色，下体白色。翼上覆羽暗灰褐色；飞羽黑褐色，内侧具浅色横斑。翼下初级覆羽黑褐色，其余翼下覆羽白色。尾黑褐色，具较浅的灰褐色横斑。脚灰色。雌鸟胸前具较明显的深褐色斑点。

生活习性　栖息于水域及附近。一般单独活动，常在水域上空来回飞行，飞行时振翅缓慢。主要以较大的鱼类为食，发现鱼类时从空中俯冲入水，用脚爪将鱼抓起，再飞至水边树上食用。迁徙时会用脚抓着捕到的鱼飞行。

分布居留　旅鸟。迁徙季节见于汶河流域。

保护状况　IUCN:LC；国家二级保护野生动物。

鹰科

Accipitridae

本科包含种类众多的猛禽。嘴强健，上嘴端具钩，上嘴基部具有蜡膜，鼻孔在蜡膜上，一般为椭圆形；翼较宽，翼端具翼指；脚粗壮，具弯曲而锐利的爪；羽色一般较为暗淡。多在白天活动，常翱翔于空中，多数种类会捕食小型兽类和鸟类。营巢于树上或崖壁上，巢主要由树枝搭建成。

凤头蜂鹰*

Pernis ptilorhynchus　Oriental Honey Buzzard

摄影：牛蜀军

摄影：桑新华

形态特征　体型中等偏大的猛禽，体长50～66厘米。头较细，头后具短羽冠，翼较宽大，具6枚翼指，尾较长。体色变化较大，具多个色型：上体的色彩可由斑驳的褐色、灰褐色至近黑色，有的头部颜色较浅；下体色彩可自具斑纹的白色至深褐色；但各色型喉部皆色浅，飞羽下面色浅且具黑色横带。雄鸟眼深褐色，翼缘具较宽的黑色横带，飞羽内侧的2～3条横带亦较宽，尾端具宽阔的黑色带，近基部具两条一宽一窄的黑色横带。雌鸟眼黄色，飞羽和尾部的黑色横带明显细于雄鸟。嘴较其他猛禽细，灰色。脚黄色。

生活习性　栖息于山地和平原的林地、疏林和林缘，食性较特殊，主要以蜂类的成虫、幼虫以及蜂蜜、蜂蜡等为食，也会吃其他昆虫，偶尔吃小型脊椎动物。迁徙时常结群飞行，飞行较慢。

分布居留　旅鸟。迁徙季节飞行经过泰安。

保护状况　IUCN:LC；国家二级保护野生动物。

黑冠鹃隼 *

Aviceda leuphotes Black Baza

摄影：刘冰

形态特征 小型猛禽，体长30～33厘米。头后具较长的羽冠，整体为黑色夹杂白色，特征明显，色彩鲜明。上胸具一白色宽带，上腹及两胁具白褐相间的横带，肩及次级飞羽具白斑，初级飞羽和尾羽下面灰色；身体其余部分羽毛均为黑色。眼红色，嘴和脚灰色。

生活习性 栖息于山地及山麓的森林、疏林及林缘。常在空中盘旋，主要以蝗虫、蝉等昆虫为食，也会捕食蝙蝠、鼠类、蜥蜴等小型脊椎动物。繁殖期4～7月，营巢于近溪谷的树上，巢由树枝搭建而成。

分布居留 少见的夏候鸟。仅见于泰山山区。此种本为南方的物种，近年来记录于泰山，可能与气候变暖物种的扩散有关。

保护状况 IUCN:LC；国家二级保护野生动物。

黑翅鸢 *

Elanus caeruleus　Black-winged Kite

摄影：刘冰

摄影：孙桂玲

形态特征　体型较小的猛禽，体长约33厘米。整体呈灰白色，特征明显。头顶至后颈、背、尾、翼上覆羽和次级飞羽浅灰色，额、脸部、下体及翼下覆羽白色，眼先及眼上方有黑色斑，似“眼影”。翼尖不具指叉，外侧初级飞羽黑色，与下体其余部分对比明显。眼红色，嘴黑色，蜡膜黄色，脚黄色。

生活习性　栖息于平原地区开阔且具树木和灌丛的疏林、草地、湿地及附近。常停在电线或树顶，或在空中盘旋，会鼓动双翼在空中悬停，发现猎物时俯冲向下。主要食物为啮齿类、小鸟等小型脊椎动物以及较大的昆虫。晚春至夏季繁殖，营巢于树上。巢由枯枝搭成，较松散。

分布居留　留鸟。可见于汶河流域。

保护状况　IUCN:LC；国家二级保护野生动物。

苍 鹰

Accipiter gentilis Northern Goshawk

摄影：桑新华

亚成鸟/摄影：刘冰

摄影：牛蜀军

形态特征 中型猛禽，但为最大的鹰属鸟类，体长46～60厘米。身体较为粗胖，头较小，翼形较圆，翼指6枚。眼黄色，嘴黑色。头、后颈暗灰色，具明显的白眉纹，有时头后有白斑。上体和翼上覆羽深灰色，飞羽深灰褐色，内侧具白斑，从翼下面看形成白色横带。尾羽灰褐色，具4条黑褐色横带。下体及翼下覆羽白色，布满黑褐色细横纹。脚黄色。幼鸟上体褐色，具浅色羽缘；下体淡棕白色，具黑褐色纵纹。

生活习性 栖息于山地和平原的森林、疏林等，一般单独活动，飞行较快且灵活，可在林间飞行追捕猎物，偶尔在林地上空飞行以寻找猎物。主要食物为啮齿类、中小型的鸟类等。

分布居留 较少见的冬候鸟。可见于汶河流域及泰山一带。

保护状况 IUCN:LC；国家二级保护野生动物。

雀　鹰　鹞子

Accipiter nisus　Eurasian Sparrowhawk

摄影：张培栋

雌/摄影：张培栋

摄影：张培栋

雄/摄影：孙桂玲

形态特征　体型较小的猛禽，体长30～41厘米。体形似苍鹰但较小，身体不如苍鹰壮硕。雄鸟上体暗灰色，后颈常有白斑，脸红棕色。下体及翼下覆羽白色而具纹。喉具褐色细纵纹，胸、两胁、腹及翼下覆羽具红褐色细横纹，两胁和腋多红棕色。飞羽和尾灰褐色，下面色浅，具黑褐色横带。雌鸟略大于雄鸟，上体褐色，头部具白眉纹，脸部白色而具深褐色细纹，下体白色，胸、腹和两胁具深褐色横纹，无红棕色；其余似雄鸟。幼鸟似雌鸟而胸前具黑褐色纵纹。眼、蜡膜和脚黄色，嘴黑色。

生活习性　栖息于山区和平原的森林及农田附近的林缘或小块林地，有时也活动于较大的城市园林。一般单独或成对活动，常在空中盘旋或停立于树上、电线杆上以搜寻猎物，发现猎物时俯冲而下，主要捕食鸟类、鼠类等，常将捕到的猎物带回树上撕食。繁殖期5～7月，营巢于林中树上，由枯枝搭建，呈盘状。

分布居留　留鸟或冬候鸟。可见于泰山、城郊至汶河流域。

保护状况　IUCN:LC；国家二级保护野生动物。

日本松雀鹰

Accipiter gularis Japanese Sparrowhawk

摄影：张培栋

幼鸟/摄影：桑新华

形态特征 小型猛禽，体长25～34厘米，为国内最小的鹰。体形较似雀鹰而小，翼指为5枚。雄鸟眼红色，头、上体及翼上面灰色，头侧灰色较浅，喉具较细的喉中线。下体近白色，胸腹具浅红棕色横斑，横斑常连成片。腋羽白色而具灰色斑，飞羽下面色浅且具灰褐色横纹。尾灰褐色，具4道黑色横带。雌鸟体型较大，眼黄色，上体灰褐色，下体白而具灰褐色细横斑，具不甚明显的喉中线。幼鸟似雌鸟但更偏褐色，喉具明显的喉中线，胸具褐色粗纵纹，腹和两胁具较粗的横纹。蜡膜黄色，嘴端黑色，脚黄色。

生活习性 栖息于山地及附近的森林、疏林或林缘，一般单独活动，主要捕食小型鸟类、昆虫、蜥蜴等。繁殖期5～7月，营巢于林中的高树上。

分布居留 旅鸟或夏候鸟。记录于汶河流域等。

保护状况 IUCN:LC；国家二级保护野生动物。

赤腹鹰* 鸽子鹰

Accipiter soloensis　Chinese Sparrowhawk

雄/摄影：孙桂玲

雌/摄影：刘冰

雄/摄影：桑新华

雌/摄影：包鲁生

形态特征　小型猛禽，体长26～36厘米。体形似日本松雀鹰，翼指4枚，鼻部蜡膜略凸起，为橙黄色。雄鸟眼红褐色，头、上体和翼上覆羽蓝灰色，喉白，胸淡棕红色，腹黄白色，尾上覆羽白色。翼下覆羽乳白色；飞羽黑褐色，外侧4枚初级飞羽尖端黑色，其余飞羽下面近白色；从下面看，黑色的翼尖与翼其余部分对比明显。尾灰褐色，具4～5道黑褐色横纹。雌鸟似雄鸟但眼为黄色，喉具灰色的羽干纹，翼下覆羽暗皮黄色。幼鸟上体灰褐色，杂有少许白斑，喉白而具明显的褐色喉中线；胸、腹白色，中间具褐色粗纵纹，两肋具褐色粗横纹。脚橘黄色或肉黄色。

生活习性　栖息于山地和山麓的森林、林缘及小块林地。单独、成对或成小群活动，常栖于树顶或电线上。主要捕食蜥蜴、蛙类等，也吃一些昆虫、鼠类和小型鸟类等。繁殖期5～7月，巢主要由枯枝搭建成，有时利用喜鹊旧巢。

分布居留　夏候鸟。可见于泰山山区。

保护状况　IUCN:LC；国家二级保护野生动物。

凤头鹰 *

Accipiter trivirgatus Crested Goshawk

摄影：关克

形态特征 中型猛禽，体长41～49厘米。头后具较短的羽冠，翼较其他鹰类更为短圆。眼黄色，蜡膜黄色。头暗灰色，头侧色彩相对较淡。上体及翼上面灰褐色。喉白，具显著的黑褐色喉中线，胸具宽阔的棕褐色纵纹，腹和两肋具棕褐色横纹。翼下覆羽白色而具横纹，飞羽下面色浅且具黑褐色横带。尾下覆羽蓬松，白色，飞行时较明显。尾褐色，具深褐色粗横带。幼鸟眼褐色，上体褐色而具浅色羽缘，胸、腹具纵列的黑褐色斑。脚黄色。

生活习性 栖息于山地和山脚的林地，常隐藏于树上，繁殖时常盘旋于林地上空，主要以蜥蜴、蛙类、鼠类、昆虫和小型鸟类等为食。

分布居留 少见的旅鸟。见于泰山山区。

保护状况 IUCN:LC；国家二级保护野生动物。

白腹鹞

Circus spilonotus　Eastern Marsh Harrier

雄/摄影：桑新华

雌/摄影：赵国君

雌/摄影：刘冰

摄影：桑新华

形态特征　中型猛禽，体长50～60厘米。翼较长，翼指5枚，跗跖较长且裸露不被羽。具多种色型，雌雄色彩差异显著。雄鸟整体色彩黑白相间，头、颈白色而密布黑褐色粗纵纹，或为黑色；背、腰、肩及内侧的翼上覆羽黑褐色，杂有许多浅色斑；外侧初级飞羽黑褐色，翼上面其余部位灰白色；尾上覆羽白色，尾羽灰白色；下体及翼下覆羽白色，喉及胸具黑褐色纵纹。亦有整体较偏褐色的雄鸟，下体及翼下覆羽多褐色纵纹，外侧尾羽及飞羽具褐色横斑。雌鸟头颈黄白色并密布褐色纵纹，上体褐色，腰色浅，下体及翼下覆羽黄白色而布满褐色纵纹，飞羽和尾羽具褐色横斑。亦另有整体呈褐色的雌鸟，仅脸部、胸前、腋部、飞羽基部为斑驳的白色。幼鸟似整体呈褐色的雌鸟，头部白色较多。成鸟眼黄色，幼鸟眼褐色。脚为黄色。

生活习性　栖息于湿地及附近的开阔地，单独或成对活动，常飞行于湿地上空，翱翔时两翼略向上举，栖息时常立于地面上。主要捕食啮齿类、小型鸟类、蛙、蛇及较大的昆虫等。

分布居留　旅鸟。可见于汶河流域。

保护状况　IUCN:LC；国家二级保护野生动物。

白尾鹞

Circus cyaneus Hen Harrier

雌/摄影：刘兆瑞

摄影：桑新华

形态特征 中型猛禽，体长41～53厘米。体形似白腹鹞，雌雄色彩差异显著。雄鸟头、颈、上体、上胸、翼上覆羽及尾为灰色，尾上覆羽白色；外侧初级飞羽黑色，其余飞羽银灰色；下体白色，翼下面除外侧黑色的初级飞羽外为白色，其余飞羽具灰色边缘。雌鸟上体暗褐色，尾上覆羽白色，飞羽和尾羽具黑褐色横斑；下体主要为皮黄色，具棕色纵纹，翼下覆羽皮黄色。幼鸟似雌鸟，但下体纵纹更为明显。成鸟眼黄色，幼鸟眼褐色。

生活习性 栖息于平原及低山的草地、农田、湿地及其附近的开阔地，习性似白腹鹞，常在草地上空低飞或栖于地上，伺机捕食啮齿类、鸟类、蛙类、蜥蜴等。

分布居留 旅鸟。可见于汶河流域。

保护状况 IUCN:LC；国家二级保护野生动物。

鹊　鹞*

Circus melanoleucos　Pied Harrier

雄/摄影：李艳霞

雌/摄影：张培栋

雄/摄影：桑新华

形态特征　中型猛禽，但为较小的鹞，体长42～48厘米。雌雄色彩差异显著。雄鸟色彩黑白分明，头、颈、背、胸为黑色，翼上覆羽灰白色而中部具黑色横带，小覆羽白色，外侧6枚初级飞羽黑色，其余飞羽灰白色；下体除头至上胸的黑色区域外皆为白色，尾上覆羽白色，尾灰色。雌鸟似白尾鹞雌鸟而腹部至尾下覆羽白色；上体灰褐色具纵纹，腰白，翼下覆羽褐色具纵纹，飞羽和尾羽具黑褐色横斑。幼鸟整体呈褐色，头后具白斑，尾上覆羽白色，飞羽和尾羽具黑褐色横斑。成鸟眼黄色，幼鸟眼褐色，脚黄色。

生活习性　栖息于平原或低山的草地、林缘、湿地及其附近的开阔地，习性似其他鹞类，常在草地上方低飞，伺机俯冲捕食啮齿类、小型鸟类、蛙类、蛇类、蜥蜴等。

分布居留　旅鸟。可见于天平湖、汶河流域等。

保护状况　IUCN:LC；国家二级保护野生动物。

黑鸢 黑耳鸢 鸢 老鹰

Milvus migrans Black Kite

摄影：桑新华

形态特征 中型猛禽，体长54～69厘米。尾呈浅叉状，展开时外端较平且略内凹，区别于本地区其他猛禽的扇形尾。翱翔时两翼平展，具6枚翼指。整体呈褐色。眼棕色，鼻部的蜡膜黄色，嘴深灰色。头褐色而具黑褐色羽干纹，耳黑褐色，上体深褐色，具不明显的浅色羽缘。飞羽黑褐色，具深色的横斑，初级飞羽基部在下面形成一浅色斑，飞行时此特征较为显著。尾羽褐色，具深色横带。下体和翼下覆羽棕褐色，具黑褐色纵纹。脚黄色。

生活习性 栖息于低山和平原的林地、林缘、草地、湿地附近等。常单独在天空翱翔，发现猎物时俯冲向下捕捉，主要捕食小型鸟类、鼠类、蜥蜴等，偶尔食腐。繁殖期4～7月，营巢于大树上，有时也营巢于山地悬崖处，巢由树枝搭建而成，浅盘状。

分布居留 留鸟。可见于汶河流域及泰山一带。

保护状况 IUCN:LC；国家二级保护野生动物。

灰脸𫛭鹰*

Butastur indicus　Grey-faced Buzzard

摄影：桑新华

摄影：战玉森

形态特征　中型猛禽，体长39～46厘米。飞行时振翅较慢，两翼展开似梯形，翼指5枚。头、颈灰褐色，眼和蜡膜黄色，眼先、额和眉较白。背、腰和翼上覆羽褐色，羽缘色浅。尾上覆羽白色，飞行时形成一白色横带，与上体其余部分的褐色对比较明显。喉白而具明显的喉中线，两侧具黑褐色髭纹。上胸褐色，具浅色斑点。下胸至腹白色而具褐色横斑，尾下覆羽白色。翼下覆羽白色而密具褐色横纹，飞羽上面褐色，下面色浅，皆具黑褐色横纹，初级飞羽尖端色深。尾灰褐色，下面色浅，具黑褐色横带。幼鸟头部较多褐色，上胸白色而具褐色粗纵纹。脚黄色。

生活习性　繁殖期时栖息于山区林地，非繁殖期也栖息于林缘、疏林、草地、农田等。非迁徙期一般单独活动，常立在树梢上或空中盘旋，主要捕食鼠类、蜥蜴、蛇类、鸟类等小型脊椎动物。繁殖期5～7月。

分布居留　少见的旅鸟。2015年7月在泰山山区有记录，可能为夏候鸟。

保护状况　IUCN:LC；国家二级保护野生动物。

普通鵟　土豹子

Buteo japonicus　Eastern Buzzard

摄影：孙桂玲

摄影：桑新华

摄影：桑新华

形态特征　中型猛禽，体长50～59厘米。头较短圆，具5枚翼指。体色变化多，主要有淡色型、棕色型和暗色型三个色型。本地区常见的浅色型上体灰褐色并具近白色的羽缘；飞羽上面灰褐色，具黑褐色横纹，下面近白色而端部褐色，初级飞羽末端黑褐色；翼下覆羽主要为黄白色，初级翼下覆羽端部黑褐色；下体主要为黄白色，胸至腹具褐色斑；尾灰褐色，下面色浅，具黑褐色横纹。脚黄色。

生活习性　繁殖期栖息于山林，非繁殖期栖息于较开阔的低山和山脚地带的林地、林缘、农田、草地等。常在空中盘旋，主要捕食鼠类等啮齿类，也吃蜥蜴、蛙类、小型鸟类、大型昆虫等。

分布居留　旅鸟或冬候鸟。迁徙时飞行经过泰安全境。

保护状况　IUCN:LC；国家二级保护野生动物。

大鵟　花豹

Buteo hemilasius　Upland Buzzard

摄影：孙桂玲

摄影：桑新华

形态特征　体大的猛禽，体长56～71厘米。似普通鵟而大，头较显小。体色亦变化较大，从浅至深主要有三个色型。常见的中间型头至胸主要呈白色，杂有褐色纵斑；上体主要呈较斑驳的灰褐色；腹两侧具深褐色斑块，腿覆羽褐色或近白色，其余下体白色；飞羽褐色并具黑褐色纹，下面色浅，初级飞羽基部白色，飞行时形成较明显的"翅窗"；尾羽淡褐色，上面明显较普通鵟色浅，具细横纹。深色型全身深褐色，飞羽下面和尾色浅。跗跖被羽或半被羽，脚黄色。

生活习性　栖息于山地和山麓的开阔草地、林缘、田地等，常在天空翱翔或立于岩石、土堆、树顶上。主要捕食啮齿类、雉类、蜥蜴等。

分布居留　较少见的冬候鸟。见于泰山山区。

保护状况　IUCN:LC；国家二级保护野生动物。

金 雕*

Aquila chrysaetos Golden Eagle

摄影：桑新华

摄影：桑新华

形态特征 体大的猛禽，体长78～105厘米，翼展180～230厘米。身形强健，翼宽大，翼指7枚。全身主要呈褐色。眼褐色，蜡膜黄色，嘴灰黑色。头褐色，头后至颈后具金色矛状羽毛。身体和翼上、翼下覆羽褐色。飞羽黑褐色，基部色浅。尾羽灰褐色，杂有黑褐色横斑，端部具黑褐色宽横带。第一年的亚成鸟尾羽白色而端部黑色，内侧初级飞羽基部色浅，在翼下形成白斑。跗跖覆羽，为褐色。脚黄色，爪黑色。

生活习性 栖息于高山至山下的草原、荒漠草原、森林等多种人类干扰较少的生境中。一般单独或成对活动，捕食能力强，常在空中翱翔或立在岩石、大树顶端，发现猎物时向其俯冲而下。主要食物为雉类、鹑类等大型鸟类及旱獭、兔、鼠兔、狍等兽类。繁殖期2～5月，营巢于大树上或峭壁上，巢由树枝搭建成，较大，会累年利用旧巢且每年皆修补之。

分布居留 罕见的留鸟。见于泰山山区。

保护状况 IUCN:LC；国家一级保护野生动物。

高山兀鹫

Gyps himalayensis　Himalayan Vulture

摄影：叶翔燕

形态特征　体型甚大的猛禽，体长110～150厘米，翼展约250～310厘米。头颈几乎裸露，仅被有稀疏的白色短绒羽。颈基部具较长的披针形领羽，皮黄色。背、腰和翼上覆羽浅褐色，羽毛中央色深。飞羽和尾羽黑褐色。胸、腹浅皮黄色，尾下覆羽白色。幼鸟头部绒羽较多，整体羽色呈深褐色，并具有浅色纵纹。

生活习性　栖息于高原和高山地带，常翱翔于天空中，飞行时振翅缓慢。也常停栖于裸岩上。主要以腐肉为食。

分布居留　极罕见的迷鸟。仅在20世纪80年代记载于宁阳，采得一雌一雄两份标本，但标本已遗失。

保护状况　IUCN:LC；国家二级保护野生动物。

鸮形目

STRIGIFORMES

鸱鸮科

Strigidae

多为夜行性猛禽类，俗名统称为猫头鹰。头部较为宽大，面部羽毛形成面盘，眼较大，两眼皆位于面部前方而非头侧；嘴短，上嘴向下钩曲；翼较圆，飞羽边缘具绒毛，飞行时无声；脚强健，外趾可以向后翻转，使脚趾两前两后，脚爪锐利钩曲。主要在黄昏和夜间捕食鼠类和昆虫等，白天时常藏匿休息。多营巢于树洞、墙洞等洞穴、缝隙中。

红角鸮　东方角鸮　普通角鸮　王干戈　夜猫子

Otus sunia　Oriental Scops Owl

摄影：刘国强

摄影：刘兆瑞

幼鸟/摄影：刘国强

摄影：刘国强

形态特征　小型猫头鹰，体长16～22厘米。头较大且圆，脸部羽毛平铺形成面盘，头顶两侧各有一簇竖直向上的耳羽。眼黄色，区别于领角鸮的深褐色。嘴较强壮，灰色，上嘴具钩，嘴基被羽毛覆盖。整体羽色似枯树皮，分为两种色型：灰色型整体呈灰褐色，棕色型整体呈红棕色。两种色型上体均布满黑褐色虫蠹状斑和白色点斑，外侧肩羽具显著白斑；下体色较浅，具黑褐色纵纹。脚同绝大多数鸮类，两趾向前，两趾向后，灰色。

生活习性　栖息于山地和平原的林地中，较喜欢针叶林和混交林。昼伏夜出，飞行无声，以较大的昆虫、啮齿类和一些小型鸟类等为食。繁殖期夜间常不停鸣叫，叫声三音节一组，其中一声较弱，两声响亮。繁殖期5～8月，营巢于树洞中，也会利用人工巢箱。

分布居留　夏候鸟。见于泰山及城郊。在泰山数量较多，春夏之交的夜间常能听到其鸣声。

保护状况　IUCN:LC；国家二级保护野生动物。

领角鸮

Otus lettia　Collared scops Owl

摄影：刘国强

形态特征　小型猫头鹰，体长20～27厘米。似红角鸮灰色型而略大，眼深褐色。整体呈斑驳的灰褐色。面盘淡灰色，边缘黑褐色。头顶中央黑褐色。上体灰褐色，杂有深色的虫蠹斑和棕白色的斑块，肩羽具显著的皮黄色斑块。后颈的棕白色斑点大而多，形成半领环。下体灰白色，具黑褐色羽干纹。翼和尾具横斑。脚灰黄色。

生活习性　栖息于山地和山麓的林地中，单独活动，昼伏夜出，飞行无声，以啮齿类、较大的昆虫和一些小型鸟类等为食。繁殖期3～6月，此时常在夜间发出持续的单音节的叫声。营巢于树洞中，有时也利用人工鸟巢。

分布居留　较少见的夏候鸟。见于泰山山区。

保护状况　IUCN:LC；国家二级保护野生动物。

雕鸮 恨狐

Bubo bubo Eurasian Eagle-owl

摄影：刘兆瑞

摄影：刘兆瑞

摄影：刘兆瑞

形态特征 大型猫头鹰，体长65～89厘米。耳羽较长，头较圆，身体粗壮，腿较短，脚强健，被有羽毛，两趾向前，两趾向后。整体呈斑驳的黄褐色。嘴灰黑色，眼橙色。面盘淡黄褐色，眼上方具黑褐色斑，眼先和喉白色。头顶黑褐色，耳羽外侧黑色，内侧黄褐色。上体和翼上覆羽黄褐色，杂有黑褐色和灰白色斑。飞羽和尾羽棕黄色，具深褐色横斑。下体浅黄褐色，具明显的黑褐色纵纹和褐色细横纹。翼下覆羽浅黄褐色且具褐色细横纹，端部黑褐色，形成一深色带。脚部被有浅黄褐色羽毛。

生活习性 栖息于人迹罕至的山地森林及裸岩、山麓和平原的林地、疏林、林缘灌丛中。性凶猛，单独活动，昼伏夜出，捕食鼠类等小型兽类和一些鸟类、大型昆虫等。在春、夏季繁殖，营巢于峭壁下、灌丛下的凹处或树洞里。繁殖期夜间会鸣叫，鸣声低沉，声似“恨狐”，故得此俗名。

分布居留 少见的留鸟。见于泰山及附近的山区。

保护状况 IUCN:LC；国家二级保护野生动物。

斑头鸺鹠

Glaucidium cuculoides　Asian Barred Owlet

摄影：桑新华

形态特征　小型猫头鹰，体长20～26厘米。头圆而脚短，面盘不甚明显，耳部无羽簇。眼和嘴黄色。头、颈、上体至尾深褐色，密布白色窄横纹，肩具明显的白色斑，排列成一纵带。脸部具白色眉纹和颏纹。下体白色，胸具深褐色横纹，腹具深褐色纵纹。脚黄色。

生活习性　栖息于山地和平原的阔叶林、混交林、林缘及田边疏林等林地。在白天活动，可在空中捕食昆虫。主要以各种昆虫及小型鸟类、鼠类、蜥蜴等小型脊椎动物为食。在春夏季繁殖，营巢于树洞中。

分布居留　少见的留鸟。近年记录于泰山北部山区。

保护状况　IUCN:LC；国家二级保护野生动物。

纵纹腹小鸮

Athene noctua　Little Owl

摄影：张培栋

摄影：张培栋

形态特征　小型猫头鹰，体长20～26厘米。体形似斑头鸺鹠，整体呈沙褐色。眼和嘴黄色，眼周围羽毛白色。头、上体和翼沙褐色，头顶具较细密的黄白色水滴状斑，上体和翼杂有白色斑。尾深沙褐色，具棕白色横斑。下体棕白色，胸和两胁具沙褐色纵纹。翼下覆羽白色。脚部被羽，棕白色；爪灰褐色。

生活习性　栖息于低山及平原的林地、农田附近的树上及城区较安静的地方。主要在黄昏和夜间活动，也会在白天活动，常会立于农田等开阔地的树木或电线杆上，甚至城区的楼房上，伺机捕食昆虫以及鼠类、小型鸟类等小型脊椎动物。繁殖期夜间常鸣叫，鸣声为单音节拖长的降调声。繁殖期5～7月，营巢于岩洞、墙洞或树洞中。

分布居留　较常见的留鸟。可见于泰山低山、城区至郊区。

保护状况　IUCN:LC；国家二级保护野生动物。

日本鹰鸮　北鹰鸮

Ninox japonica　Northern Boobook

摄影：桑新华

形态特征　小型猫头鹰，体长22～32厘米。体形较似鹰类，无明显的面盘，耳部亦无簇羽。眼黄色，嘴灰黑色。头、上体及翼上覆羽褐色，下背至尾上覆羽色略浅。飞羽深褐色，具皮黄色横斑。喉灰白色，下体白色，胸至腹具褐色粗纵纹。尾黑褐色，具较浅的灰褐色横斑。脚黄色。

生活习性　栖息于山区和山麓的林地，较喜欢近河谷的林地。一般昼伏夜出，有时白天也活动，会在空中捕虫，主要食物为昆虫、鼠类、小型鸟类等。繁殖期时常在夜间鸣叫，鸣声为圆润的双音节一组的升调声。繁殖期4～7月，营巢于树洞中。

分布居留　少见的夏候鸟。20世纪80年代记录于泰山，近年来暂未发现。

保护状况　IUCN:LC；国家二级保护野生动物。

长耳鸮　长耳猫头鹰

Asio otus　Long-eared Owl

摄影：刘冰

形态特征　中型猫头鹰，体长33～40厘米。具明显的面盘和显著的耳羽。整体羽色斑驳似树皮。眼橙黄色，嘴灰色。面盘浅棕黄色，眼上方具黑色斑，耳羽黑褐色而外侧浅棕黄色。眼先及嘴两侧具白色羽毛，整体似“X”形。面盘下方的皱领白色，端部黑色。上体棕黄色，具黑褐色羽干纹，密布深褐色和浅色细纹，肩部具纵向排列的黄白色斑块。飞羽棕黄色，具黑褐色横斑和灰褐色杂斑。下体棕黄色，具深褐色羽干纹，并向两侧伸出细枝状斑纹，形成树枝状横斑。翼下面较白，翼下覆羽棕白色，翼下初级大覆羽端部黑褐色。尾羽棕黄色，具黑褐色横斑。脚部羽毛棕黄色。

生活习性　栖息于森林、林缘疏林甚至一些较安静的城区园林中，尤其喜欢针叶林。夜行性，白天隐藏在树冠休息，黄昏和夜间活动，飞行时拍翅缓慢且寂静无声。越冬时会成小群活动，其他季节多单独或成对活动。主要食物为鼠类等小型哺乳类，也吃小型鸟类、昆虫等。

分布居留　少见的冬候鸟。20世纪80年代记录于东平等地，近年来暂未发现。

保护状况　IUCN:LC；国家二级保护野生动物。

短耳鸮* 猫头鹰

Asio flammeus　Short-eared Owl

摄影：桑新华

形态特征　中型猫头鹰，体长35～40厘米。体形似长耳鸮，但耳羽短且常隐藏。眼黄色，嘴黑色。面盘中部白色，外侧棕黄色，边缘白色并具细黑边。眼周黑色，似“眼影”。上体和翼上覆羽棕黄色，除腰和尾上覆羽外，布满较粗的黑褐色羽干纹。下体浅棕黄色，具褐色纵纹。尾棕黄色，具黑褐色横纹。飞羽棕黄色，具横纹，翼角具黑斑，以区别于长耳鸮的较细的横纹。翼下覆羽白色。脚部羽毛浅棕黄色。

生活习性　栖息于低山至平原的开阔地，尤其是平原草地和湖岸沼泽。一般在黄昏和夜间活动，也会在白天活动，栖息时常伏于地上或草地上，飞行高度较低，拍翅缓慢且寂静无声。主要以鼠类为食，也会吃一些小型鸟类、昆虫等。

分布居留　少见的旅鸟。记录于汶河流域。

保护状况　IUCN:LC；国家二级保护野生动物。

犀鸟目

BUCEROTIFORMES

戴胜科

Upupidae

中等体型的鸟类，头顶有独具特色的羽冠，可展开呈扇形；嘴细长下弯；腿较短。栖息于林地或灌草丛，在地面觅食，常将嘴插入泥土中取食昆虫等。飞行略呈波浪状，振翼较为缓慢。巢在树洞、墙洞等小型洞穴中。

戴　胜　臭姑姑　花蒲扇　鼓鼓翅

Upupa epops　Common Hoopoe

摄影：刘冰

摄影：刘兆瑞

形态特征　中等体型的鸟类，体长25～32厘米。特征和色彩鲜明，头部具羽冠，橙色，具黑色端斑和白色次端斑，可展开呈扇形。嘴黑褐色，较细长而向下弯。腿较短。头、颈、上背及翼上覆羽粉橙色。胸及翼下覆羽淡粉橙色。下背及次级飞羽具黑白相间的横带；初级飞羽黑色，具一条白色横带。腰和腹白色。尾羽黑色，中部具一白色横带。脚灰黑色。

生活习性　栖息于山区和平原的林地、林缘、农田及草地中。一般成对或单独活动，在地面一边慢走一边觅食，不断将嘴插入泥中，翻找蛴螬、鳞翅目幼虫等昆虫。飞行时拍翅较慢，飞行略呈波浪状。鸣声为三音节或两音节一组的低沉柔和的“呼呼”声。繁殖期4～6月，营巢在树洞或墙洞中，较为脏臭，故有“臭姑姑”的俗名。

分布居留　常见留鸟。广布于自泰山中山带至城区、城郊、汶河流域的广大区域。

保护状况　IUCN:LC；国家保护的有重要生态、科学、社会价值的陆生野生动物。

佛法僧目
CORACIIFORMES

佛法僧科

Coraciidae

体型中等的鸟类，色彩较为鲜艳；嘴粗壮且基部较宽，上嘴尖向下钩曲；翼较长，翼端较圆。主要栖息于林地，在空中捕食或自栖处飞起捕食飞虫。营巢于树洞、岩缝等中。

三宝鸟　老鸹翠

Eurystomus orientalis　Dollarbird

摄影：于瑞华

摄影：于瑞华

摄影：刘冰

形态特征　中等体型的攀禽，体长26～30厘米。嘴较粗，先端略向下弯，红色。头和颈黑褐色，身体大部分为铜蓝色，腹部较背部更偏蓝绿。初级飞羽黑褐色，基部淡蓝色，形成一显著的翼斑。尾黑褐色。脚红色。

生活习性　栖息于山区和山麓的林地。常单独或成对立于枯树的高处，会飞起捕食昆虫，又落回原处，也会成群在天空盘绕飞行，飞捕昆虫。繁殖期5～8月，营巢于树洞甚至墙洞里，有时利用啄木鸟甚至喜鹊的旧巢。

分布居留　夏候鸟。分布于泰山低山带和中山带。

保护状况　IUCN:LC；国家保护的有重要生态、科学、社会价值的陆生野生动物；山东省重点保护野生动物。

翠鸟科

Alcedinidae

小型或中型鸟类；一般色彩鲜明，嘴长而直，较为粗壮；身形紧凑，头大、颈短；翼较为短圆，尾短；脚短，外趾和中趾大部分相连。多数栖息于水域附近，主要以鱼类以及其他小型水生动物为食，会立于岸边或在空中悬停，发现目标时扎入水中捕食。巢在土洞、树洞等小型洞穴中。

蓝翡翠　黑顶翠鸟　黑帽鱼狗　蓝鱼狗

Halcyon pileata　Black-capped Kingfisher

摄影：刘国强

摄影：刘国强

形态特征　中等体型的鸟类，但为较大的翠鸟类，体长26～31厘米。整体色彩鲜艳。嘴长而略微向上弯，红色。头黑色，颈和喉白色。背、腰至尾及次级飞羽钴蓝色；翼上覆羽黑色；初级飞羽基部白色而尖端黑色，形成明显的白色翼斑。上胸白色，下胸、腹至尾下覆羽及翼下覆羽橙棕色。脚红色。

生活习性　栖息于山区和山麓的溪流、水塘附近。常单独活动，站在水边树枝或电线上，伺机捕食水中的鱼、虾、蛙，也吃蜥蜴、昆虫等，会沿水域快速飞行，有时边飞边发出响亮叫声。繁殖期5～7月，在山坡沙土处打洞筑巢。

分布居留　夏候鸟。见于泰山中山带和低山带。

保护状况　IUCN:LC；国家保护的有重要生态、科学、社会价值的陆生野生动物。

普通翠鸟 翠鸟 小翠

Alcedo atthis Common Kingfisher

摄影：刘国强

形态特征 小型鸟类，体长15～18厘米。整体色彩鲜明。嘴尖且较长，上嘴黑色，雄鸟下嘴黑色，雌鸟下嘴基部橙红色。头顶、上体和两翼上面翠蓝色，具光泽；背辉蓝色，飞行时甚为耀眼。眼先及眼后橙棕色，耳后有白色斑。喉白色，其余下体及翼下覆羽橙棕色。脚红色。

生活习性 栖息于平原和低山的河流、湖泊、池塘、人工湖等水域附近。单独或成对活动，常贴近水边迅速飞行，边飞边发出尖锐的鸣声。常立在水岸、树枝或木桩上，待发现鱼类，则迅速冲入水中捕食，动作敏捷；常将捕到的鱼摔打致晕后再吞食。主要食物为小型鱼、虾等。繁殖期5～8月，在水域附近的沙土坡上打洞为巢。

分布居留 留鸟。常见的水边鸟类。广布于泰山低山带和中山带、城区和郊区的河流或池塘附近。

保护状况 IUCN:LC；国家保护的有重要生态、科学、社会价值的陆生野生动物。

斑鱼狗 *

Ceryle rudis　Pied Kingfisher

摄影：孙桂玲

雌/摄影：刘兆瑞

雄/摄影：刘兆瑞

形态特征　中等体型的鸟类，体长27～31厘米。整体色彩为黑白相间。嘴较尖长，黑色。头顶黑色，眉纹白色，过眼纹黑色，颈后黑色，其两侧白色，外侧具一道黑色纵纹。上体及翼上覆羽黑色，杂有白色端斑。初级飞羽端部黑色，基部白色，形成明显的白色翼斑；次级飞羽白色，缀有黑色斑。尾羽白色，具宽阔的黑色次端斑。下体白色，雄鸟具两条黑色胸带，雌鸟仅具一条黑色胸带且经常在中央断开。脚黑色。

生活习性　栖息于平原和低山的河流、湖泊等较开阔的水域附近。常单独活动，在水上方来回飞行，或立于水边树上、水中木桩上，发现鱼类时会在上方鼓翼悬停，然后突然冲入水中捕食。主要食物为鱼、虾等，也会吃水生昆虫和蝌蚪等。繁殖期3～7月，通常于河边的沙土坡上打洞为巢。

分布居留　较少见的留鸟。见于汶河流域。

保护状况　IUCN:LC；国家保护的有重要生态、科学、社会价值的陆生野生动物。

冠鱼狗 *

Megaceryle lugubris Crested Kingfisher

摄影：亓勇

摄影：亓勇

形态特征 中等体型的鸟类，体长37～43厘米。体形似斑鱼狗而较大，头顶具羽冠。整体色彩为黑白相杂。嘴黑色。头及羽冠黑色杂有细碎白斑，羽冠中部为白色杂有细碎黑斑。喉白而两侧各有一黑色纵纹延伸至胸，颈侧至后颈白色。上体、翼和尾黑色，密杂有横向排列的白色点斑。胸黑色而杂有白色点斑，腹至尾下覆羽白色。雄鸟翼下覆羽白色，雌鸟为橙棕色。脚深灰色。

生活习性 栖息于山区和山麓的溪流、湖泊等水域地带。常单独活动，喜欢沿溪流飞行，边飞边叫。觅食时飞于水面上空或立于水边树上、水中木桩上，发现鱼类时冲入水中捕食。主要食物为鱼虾等。繁殖期2～8月，通常于河边的沙土坡上打洞为巢。

分布居留 罕见留鸟。在泰山及东平湖有分布。

保护状况 IUCN:LC；国家保护的有重要生态、科学、社会价值的陆生野生动物；山东省重点保护野生动物。

啄木鸟目

PICIFORMES

啄木鸟科

Picidae

中等体型或小型鸟类；嘴较长而结实，舌细长；尾为楔形，尾羽坚硬；脚为对趾型，两趾向前，两趾向后。栖息于林地，常攀援于树干上，用嘴凿击树干，啄取其中的虫类。飞行呈波浪状。通常会在树上凿洞为巢。

蚁　鴷　歪脖鸟　蛇皮鸟

Jynx torquilla　Eurasian Wryneck

摄影：孙桂玲

形态特征　体型较小的攀禽，体长16～19厘米。嘴尖，但较短；脚较短，同其他啄木鸟类一样，为对趾型：两趾向前，两趾向后。整体色彩呈斑驳的灰褐色，似树皮。上体褐灰色，杂满黑褐色斑。头后的枕部中央具黑褐色纹，向下延伸至背部中央。黑褐色的过眼纹向下延伸至颈侧。下体自喉至腹逐渐由浅棕黄色过渡到灰白色，至尾下覆羽又为棕黄色，皆布满黑褐色横斑。尾灰色，具深褐色横纹。嘴和脚浅灰色。

生活习性　栖息于低山和平原的疏林、灌丛、草地等开阔地。常单独活动，在地面觅食，主要取食蚂蚁及其幼虫、卵等，也吃一些其他昆虫。休息时常停于矮树、灌木上；颈较灵活，可向各个方向扭动。

分布居留　旅鸟。迁徙季节见于泰山低山、泰安郊区。

保护状况　IUCN:LC；国家保护的有重要生态、科学、社会价值的陆生野生动物；山东省重点保护野生动物。

斑姬啄木鸟 *

Picumnus innominatus Speckled Piculet

摄影：张培栋

摄影：孙桂玲

形态特征 体型甚小的攀禽，体长9～10厘米。嘴尖而略粗壮，灰黑色。额棕色，向颈后逐渐过渡至橄榄绿色。眉纹白色，过眼纹黑褐色，其下有一白纹，皆向下延伸至颈部。背和翼橄榄绿色。下体白色，喉具黑斑，胸及两胁布满黑褐色圆形点斑，向下逐渐过渡为横纹。尾短，主要为黑色，中央和最外侧白色。脚亦为两趾向前，两趾向后，灰色。

生活习性 栖息于山区林地，尤其是竹林、疏林和林缘灌丛。常单独活动，多在树枝上或至地面觅食，会敲击竹子或树枝，取食其中的昆虫。繁殖期4～7月，营巢于树洞中。

分布居留 较少见的留鸟。仅见于泰山低山带和中山带。

保护状况 IUCN:LC；国家保护的有重要生态、科学、社会价值的陆生野生动物。

大斑啄木鸟　扦打木子

Dendrocopos major　Great Spotted Woodpecker

雄/摄影：刘国强

雌/摄影：刘国强

摄影：孙桂玲

形态特征　中等偏小的攀禽，体长20～25厘米。雄鸟枕部具红色斑，雌鸟枕黑色。嘴较尖长且粗壮，灰黑色，舌较长。头顶至后颈黑色，额、眼先至脸棕白色。自嘴基有一黑色颊纹，同自枕部斜向喉下的黑色斜带相连。背黑色，肩棕白色，形成两道白色宽纵带。翼上覆羽黑色，翼下覆羽灰白色，飞羽黑色而具白斑。喉、颈侧、胸、腹棕白色。下腹至尾下覆羽红色。尾坚硬，黑色，外侧尾羽具白色横斑。脚同所有啄木鸟，两趾向前，两趾向后，灰黑色。

生活习性　栖息于山地和平原的林地，尤其是非幼龄的阔叶林和混交林，也出现在林缘和城市园林。单独或成对活动，通过敲打树木取食其中的鞘翅目幼虫等昆虫。飞行呈大波浪状，常发出尖锐响亮的鸣声。繁殖期4～6月，营巢于自己啄出的树洞中，每年都重新啄洞做窝，不利用旧巢。

分布居留　常见留鸟。广泛分布于泰山、城区、城郊、汶河流域的林地。

保护状况　IUCN:LC；国家保护的有重要生态、科学、社会价值的陆生野生动物。

星头啄木鸟 小䴕打木 红星啄木

Dendrocopos canicapillus Grey-capped Woodpecker

雌/摄影：孙桂玲

雌/摄影：刘华东

形态特征 小型啄木鸟，体长14～18厘米。整体呈黑白色，嘴较短。雄鸟枕部两侧具红色斑而雌鸟无。嘴灰色。自额至后颈黑褐色。眉纹白色，向下延伸至颈侧。眼后具灰褐色斑，与耳后的黑色斑相连。头侧、颈侧淡灰褐色。喉近白色，其两侧具灰褐色纹。上体黑色，下背至腰具白色横斑。翼黑色，飞羽具白色斑。尾黑色，外侧尾羽棕白色，具黑色横斑。腹淡褐色，具黑褐色纵纹。脚灰黑色。

生活习性 栖息于山区和平原的林地、林缘、园林中，单独或成对活动。啄木取食昆虫，偶尔吃植物果实、种子。飞行呈波浪状，叫声尖锐。繁殖期4～6月，营巢于树的较高处，一般选择树心腐朽的树，自己啄出树洞为巢。

分布居留 常见留鸟。广布于泰山山区、城区园林、郊区及汶河流域的林地。

保护状况 IUCN:LC；国家保护的有重要生态、科学、社会价值的陆生野生动物；山东省重点保护野生动物。

棕腹啄木鸟

Dendrocopos hyperythrus　Rufous-bellied Woodpecker

雄/摄影：孙桂玲

雌/摄影：刘华东

形态特征　体型中等的啄木鸟，体长18～24厘米。雄鸟头顶至后颈红色，雌鸟头顶至后颈黑色而具白色斑点。上嘴灰黑色，下嘴角黄色。背和翼黑色而布满白色横斑。翼下覆羽白色而具黑色横斑。自颈侧、喉至腹皆为栗棕色。尾下覆羽深红色，尾羽黑色，外侧尾羽具白色斑点。脚灰黑色。

生活习性　主要栖息于山区林地，迁徙时经过平原地区林地。一般单独活动，啄木取食昆虫，偶尔吃植物果实、种子。叫声响亮，为几声连续的较尖锐的声音。

分布居留　少见旅鸟。迁徙季节见于泰山、城郊、汶河流域的林地。

保护状况　IUCN:LC；国家保护的有重要生态、科学、社会价值的陆生野生动物；山东省重点保护野生动物。

灰头绿啄木鸟 黑枕绿啄木鸟 绿啄木鸟

Picus canus Grey-headed Woodpecker

雄/摄影：孙桂玲

雌/摄影：张培栋

形态特征 体型中等的攀禽，体长26～33厘米。整体呈灰绿色。雄鸟额为红色，雌鸟额至头顶为灰褐色。嘴略粗壮，灰色。头、颈、下体和尾灰色，眼先黑色，颊纹黑色。背至尾上覆羽和翼上覆羽为橄榄绿色。飞羽灰黑色，具白斑，次级飞羽带橄榄绿色。中央尾羽黄绿色，外侧尾羽灰褐色，具深色横斑。脚灰绿色。

生活习性 栖息于山区及平原的林地、林缘。单独或成对活动，一般垂直攀在树的中低部，啄木取食昆虫，有时也在地面觅食，也会吃植物果实、种子。飞行迅速，呈波浪状。叫声响亮，为圆润悠扬的三至五音节一组的“高、高、高”声。繁殖期4～6月，营巢于自己啄出的树洞中，一般不利用旧巢。

分布居留 较常见的留鸟。广泛分布于泰山及山麓、城郊、汶河流域的林地。

保护状况 IUCN:LC；国家保护的有重要生态、科学、社会价值的陆生野生动物。

隼形目

FALCONIFORMES

隼科

Falconidae

小型猛禽；嘴强健而短，上嘴先端具钩，侧边具齿突，基部具蜡膜；鼻孔为圆形，其中间具一柱状物；翼较狭长，翼端尖锐，无翼指；尾较长；脚强健，爪锐利而钩曲。在白天活动，飞行迅速，常在空中盘旋，多数种类会俯冲捕食鸟类、小型兽类等。

红隼 红鹰 红鹞子

Falco tinnunculus Common Kestrel

雄/摄影：孙桂玲

雄/摄影：徐良怀

雌/摄影：刘冰

摄影：彭国胜

形态特征 小型猛禽，体长31～38厘米。翼尖而较长，尾较长。嘴较短而端部具锐利的钩，灰色，端部黑色；嘴基的鼻部具黄色蜡膜。雄鸟头顶至后颈蓝灰色，前额、眼先至眉纹棕白色，眼下方具黑色垂直向下的纵纹。背和翼上覆羽砖红色，具黑色点斑。飞羽黑褐色，内侧具灰白色横斑。腰至尾蓝灰色，尾端白色，次端具一明显的黑色横带。下体和翼下覆羽皮黄色，除下腹至尾下覆羽外均具黑褐色斑。雌鸟体型较大，上体棕色，多黑褐色横斑。头顶至后颈棕色，具黑色细纵纹；下体具黑褐色粗纵纹；尾红棕色，具黑色横斑。幼鸟似雌鸟但上体斑纹更明显。脚黄色，爪黑色。

生活习性 栖息于山区和平原的林地、疏林、林缘、草地、农田等生境，为适应力较强的猛禽，甚至会生活在城市。在天空飞行时会鼓动双翼悬停，发现猎物时俯冲向下，捕食鼠类和鸟类等小型脊椎动物以及大型昆虫等。繁殖期5～7月，营巢于山区岩壁的缝隙、树洞，或者利用喜鹊、乌鸦的旧巢，甚至有时会在城市建筑上筑巢，巢较为简陋。卵白色或赭色，密布红褐色较为细小的斑点。

分布居留 留鸟。广泛分布于泰山山区、城区、城郊至汶河流域的广大地带。

保护状况 IUCN:LC；国家二级保护野生动物。

红脚隼　阿穆尔隼　沾沾子　小鹰子

Falco amurensis　　Amur Falcon

雌/摄影：刘冰

雄/摄影：刘冰

摄影：彭国胜

形态特征　小型猛禽，体长25～30厘米。嘴灰色，眼周和鼻部的蜡膜橙红色，脚红色。雄鸟色彩鲜明，头、上体、翼上覆羽、胸、腹、尾皆为石板灰色，尾下覆羽和腿部羽毛棕栗色，飞羽近黑色，翼下覆羽白色。雌鸟额棕白色，头顶至后颈灰色，过眼具一黑色颊纹，较燕隼窄很多；喉和头侧乳白色；上体至尾灰色，具黑褐色横斑；下体棕白色，胸具黑褐色细纵纹，腹具箭头状斑；翼下覆羽白色，杂有黑褐色斑；尾下覆羽淡棕黄色。幼鸟似雌鸟但整体较多褐色。

生活习性　栖息于低山至平原的疏林、林缘、草地、农田、湖岸等较开阔地带，常在空中飞行，捕食大型昆虫，也吃小鸟等小型脊椎动物。非迁徙季节一般单独或成对活动，迁徙时会集群。繁殖期5～7月，一般营巢于疏林中高大乔木的顶端。

分布居留　旅鸟或夏候鸟。分布于泰山山区、城郊至汶河流域。

保护状况　IUCN:LC；国家二级保护野生动物。

燕　隼*　燕虎　青条子

Falco subbuteo　Eurasian Hobby

摄影：桑新华

摄影：刘冰

形态特征　小型猛禽，体长29～35厘米。翼较其他隼更为狭长。眼黑褐色，嘴灰色，眼圈和鼻部的蜡膜黄色。雄鸟额和较细的眉纹近白色，头顶至后颈黑色，黑色区域在眼和耳处垂直向下延伸成两道粗纹。头侧白色，喉棕白色。背和翼上面暗灰色，初级飞羽内侧具皮黄色横斑，翼下覆羽近白色而密被黑褐色点斑或横斑。胸和上腹白色或棕白色，具黑色纵纹。下腹和尾上覆羽和腿部羽毛棕栗色。雌鸟较雄鸟稍大，上体更偏褐色，下腹和臀不为棕栗色，而为相对较淡的棕黄色，并具有黑褐色细纵纹。幼鸟似雌鸟但较偏褐色。脚黄色。

生活习性　栖息于疏林、林缘、具少量树木的旷野、海边林地等地带，单独或成对活动，飞行迅速灵活，常停栖于电线上。主要食物为大型昆虫和小型鸟类，常在空中捕猎。繁殖期5～7月，营巢于树上，常会利用乌鸦或喜鹊的巢。

分布居留　旅鸟或夏候鸟。夏候鸟仅见于泰山，迁徙经过城郊。

保护状况　IUCN:LC；国家二级保护野生动物。

游 隼* 鸽虎 鸭虎

Falco peregrinus Peregrine Falcon

亚成鸟/摄影：孙桂玲

摄影：赵国君

摄影：刘冰

形态特征 中型猛禽，但为较大的隼，体长41～50厘米。眼深褐色，嘴灰色，眼圈和蜡膜黄色。头顶黑色或灰黑色，过眼向下延伸的宽髭纹亦为黑色，整体似黑色的“头盔”。喉和头侧髭纹前后白色。上体和翼上面暗石板灰色，尾羽具黑褐色横斑。飞羽内侧具浅色横斑。下体及翼下覆羽白色或淡棕白色，上胸具黑褐色纵纹，其余下体具黑褐色横斑。幼鸟上体较偏褐色，下体浅黄褐色，具黑褐色粗纵纹。脚黄色。

生活习性 栖息于山区、平原、草地、湿地附近、海边、农田等多种生境。一般单独活动，飞行迅速，是飞行速度最快的鸟类之一。性凶猛，主要在空中捕食鸠鸽类、鸥类、野鸭等鸟类，捕食时常飞在高处，发现猎物时以极快的速度向其俯冲而下。

分布居留 少见的旅鸟。迁徙季节偶见于城郊。

保护状况 IUCN:LC；国家二级保护野生动物。

雀形目

PASSERIFORMES

黄鹂科

Oriolidae

体型中等或偏大的鸣禽；嘴较粗，嘴端略下弯，尾较短，很多种类色彩鲜明。主要栖息于阔叶林中，在树上觅食昆虫、浆果等。鸣声响亮悦耳。营巢于树上。

黑枕黄鹂　黄鹂　黄莺

Oriolus chinensis　Black-naped Oriole

摄影：孙桂玲

摄影：刘国强

形态特征　中等偏大的鸣禽，体长23～27厘米。嘴略下弯，粉色。雄鸟整体主要呈鲜明的黄色，黑色过眼纹在额和枕后相连，且在枕后较粗，形成一围绕头顶的黑色宽带；飞羽黑色，具黄色羽缘，三级飞羽上的黄色较多；尾羽黑色，除中央尾羽外，皆具黄色端斑；脚灰黑色。雌鸟似雄鸟而羽色较暗淡，背面较偏绿色。幼鸟似雌鸟而羽色更偏绿色，下体色浅且具黑色纵纹，嘴上较多黑褐色。

生活习性　主要栖息于低山至平原地带的阔叶林、混交林等具阔叶树种的林地，偏爱山林和距离水域较近的林地。一般单独或成对活动于树冠层，主要食物为昆虫。鸣声响亮而多变，有3～5音节一组的悦耳且圆润的"滴、滴、笃"，或者似喇叭声、较为沙哑的"嗒嘀嗒嘀嗒"，也会有模仿其他鸟叫声的较复杂的鸣唱。繁殖期5～7月，营巢于树上，巢呈吊篮状，编织于水平树枝的末端枝杈处。

分布居留　夏候鸟。可见于泰山低山带、城郊及汶河流域。

保护状况　IUCN:LC；国家保护的有重要生态、科学、社会价值的陆生野生动物；山东省重点保护野生动物。

山椒鸟科

Campephagidae

体型中等或偏小的鸣禽；体形多较瘦长，站姿较直；嘴较宽，上嘴端略下弯；尾巴较长或长度中等，脚较短。多栖息于山区林地中，在树上生活，常集群活动。主要食物为昆虫，营巢于树上。

暗灰鹃䴗　黑翅山椒鸟

Lalage melaschistos　Black-winged Cuckoo-shrike

摄影：刘冰

形态特征　中小型鸣禽，体长20～24厘米。雄鸟眼先灰黑色，上体为暗石板灰色，下体石板灰色，腹部颜色较浅；飞羽黑色有光泽；尾羽灰黑色，有白色端斑。雌鸟似雄鸟但羽色较浅；下体浅石板灰，有暗色和污白色的横斑，下腹沾茶黄色。幼鸟似雌鸟而全身布有白色横斑，飞羽边缘有狭窄的白边。虹膜棕红色至棕色；嘴黑色，嘴尖略下弯；脚黑色。

生活习性　栖息于中山带、低山带的落叶混交林、针阔混交林、竹针混交林等林地及山坡灌木丛中。单独或成群活动。杂食性，主食昆虫，也吃一些浆果和种子。鸣声为三或四个缓慢而有节奏的下降笛音。

分布居留　旅鸟。春秋季节偶见于泰山山区。

保护状况　IUCN:LC；国家保护的有重要生态、科学、社会价值的陆生野生动物。

灰山椒鸟

Pericrocotus divaricatus Ashy Minivet

摄影：刘冰

形态特征 较小的鸣禽，体长20厘米左右。整体体形较为瘦长，栖息时常直立于枝头。雄鸟前额至头顶前部白色；眼先、眼周、耳羽、头顶后部及枕部黑色，除此上体均为浅石板灰色；下体为白色；翼上覆羽及飞羽黑褐色，边缘近白色；中央两对尾羽黑褐色，其余为白色。雌鸟似雄鸟，但头部的黑色部分为与背相似的灰色，仅有黑色的眼先。虹膜暗褐色，嘴黑色，脚黑色。较小灰山椒鸟色彩更偏灰，无皮黄色。

生活习性 栖息于低山及山麓的阔叶林、针阔混交林及杂木林中。迁徙时成群活动。活动于树冠层，喜欢在树端站立，主要以昆虫为食，可以飞起捕食飞虫。飞行时常边飞边叫，叫声尖锐。

分布居留 旅鸟。见于泰山及山下。

保护状况 IUCN:LC；国家保护的有重要生态、科学、社会价值的陆生野生动物。

小灰山椒鸟*

Pericrocotus cantonensis　Swinhoe's Minivet

摄影：张培栋

摄影：张培栋

形态特征　体型略小于灰山椒鸟，体长18厘米左右。雄鸟前额至头顶前部为白色，十分明显；眼先黑色，头顶后部、眼周及颈部深灰色；颏、喉为白色；背、肩及前胸灰色，腰及尾上覆羽为浅皮黄色；腹部及尾下覆羽为白色；翼上覆羽及飞羽灰褐色，边缘近白色，通常具有醒目白色翼斑；尾羽中央为黑色，周围为白色。雌鸟似雄鸟但褐色较浓，有的无白色翼斑。虹膜暗褐色，嘴黑色，脚黑色。与灰山椒鸟主要区别在于腰部和尾上覆羽色彩偏黄，以及上体的灰色较浓。

生活习性　栖息于低山和山下的落叶林及常绿林中，常结群活动于树冠层，主要食物为昆虫，也吃一些果实等。繁殖期4～7月，营巢于树上。

分布居留　近年来本地区的新记录种，记录于8月的泰山山区，可能为夏候鸟或旅鸟。

保护状况　IUCN:LC；国家保护的有重要生态、科学、社会价值的陆生野生动物。

卷尾科

Dicruridae

中等体型的鸣禽；嘴较粗，上嘴略下弯，端部具钩，嘴角旁具有嘴须；翼尖；尾长，多为叉状，有些种类最外侧尾羽向上翻卷。主要栖息于林地，在树上生活，会站在树顶、电线上飞出捕虫又落回栖处，主要食物为昆虫。性勇猛，领域性强，叫声响亮粗粝。营巢于树上。

黑卷尾　黑马勺

Dicrurus macrocercus　Black Drongo

摄影：孙桂玲

摄影：刘国强

形态特征　体型中等的鸣禽，体长24～30厘米。眼褐色，嘴黑色，上嘴尖细且下弯呈钩状。尾长，呈叉状，最外侧尾羽末端略向外、向上弯曲。整体呈具有蓝色金属光泽的黑色。脚黑色。幼鸟翼缘带有白色，腹部杂有白色斑。

生活习性　主要栖息于低山至平原地带的阔叶林地，偏爱水源和农田附近的小块林地。一般成对或成小群活动，常立在树木高处或电线上，飞起在空中捕虫，又落回栖处；有时也会在灌草丛上方飞舞。主要食物为昆虫。领域性极强，若有猛禽、鸦科鸟类等入侵领地，会飞起驱赶之。叫声响亮奇特，常会发出似猫叫的声音。繁殖期4～7月，巢呈浅杯状，编织于阔叶树的较细枝杈上。

分布居留　夏候鸟。常见于城郊及汶河流域，也见于泰山低山带及山麓。

保护状况　IUCN:LC；国家保护的有重要生态、科学、社会价值的陆生野生动物。

发冠卷尾 卷尾燕 山黎鸡

Dicrurus hottentottus Hair-crested Drongo

摄影：张培栋

摄影：刘国强

形态特征 较大的卷尾，体长32厘米左右。眼褐色或红褐色，嘴黑色，整体略下弯。前额具独特的发丝状黑色细长冠羽，披向后方。尾呈叉状，远看不如黑卷尾的分叉明显，最外侧尾羽夸张地向上翻卷。整体呈绒黑色，头顶、后颈至胸前具金属蓝色水滴状羽毛，两翼和尾的上面亦具有鲜明的蓝色金属光泽。脚为黑色。雌鸟似雄鸟而光泽略暗，发丝状的冠羽较短。

生活习性 主要栖息于山区的阔叶林和混交林中。常单独或成对活动于树冠层，有时会先向上飞，在空中停留后再降至树上。主要食物为昆虫，常飞捕飞虫。叫声响亮多变，有时悦耳，有时粗粝刺耳。繁殖期5～7月，营巢于树上。

分布居留 夏候鸟。见于泰山中山带和低山带。

保护状况 IUCN:LC；国家保护的有重要生态、科学、社会价值的陆生野生动物。

王鹟科

Monarchidae

体型中等或较小的鸣禽；嘴基部较宽，嘴角旁具有嘴须，脚短，尾较长。通常栖息于森林，以昆虫为食，营巢于树上。

寿　带　紫带子　老白带子　长尾翁　一枝花

Terpsiphone incei　Amur Paradise Flycatcher

雄/摄影：孙桂玲

幼鸟/摄影：孙桂玲

雌/摄影：孙桂玲

雄（白色型）/摄影：孙桂玲

形态特征　小型鸟类，雄鸟体长19～49（含延长的尾羽）厘米，雌鸟17～22厘米。头后具羽冠，雄鸟具一对特别延长的中央尾羽；嘴蓝色，头亮蓝黑色，具蓝色眼圈；背至尾以及两翼上面棕栗色；胸灰色，向下逐渐色浅，腹至尾下覆羽白色。雌鸟无延长的尾羽，色彩似雄鸟而不甚鲜艳，蓝色眼圈通常较雄鸟暗淡、狭窄。白色型雄鸟头部色彩似栗色型，其余体色为白色。脚蓝灰色。

生活习性　主要栖息于山区和山麓的安静阔叶林中，尤其是近溪谷处，也出现于林缘和竹林，对栖息生境的要求较高。一般单独或成对活动，常在树枝间飞行，会飞起捕食飞虫，主要食物为昆虫类。繁殖期5～7月，营巢于阔叶树枝杈上，繁殖时领域性强。

分布居留　少见的夏候鸟。仅见于泰山山区。

保护状况　IUCN:LC；国家保护的有重要生态、科学、社会价值的陆生野生动物；山东省重点保护野生动物。

伯劳科

Laniidae

多为体型中等的鸣禽；嘴粗壮，上嘴端下弯呈钩状；头略大，很多种类具有黑色的过眼纹；尾长，尾多为凸形。主要栖息于林缘或较开阔的林地，捕食昆虫以及蜥蜴等小型动物，常站在树顶或电线上，伺机飞出捕食。营巢于树上或灌木上。

棕背伯劳* 黄伯劳

Lanius schach Long-tailed Shrike

摄影：张培栋

摄影：刘兆瑞

幼鸟/摄影：孙桂玲

形态特征 中等偏大的鸣禽，为较大的伯劳，体长23～28厘米。黑色的嘴短粗且上嘴端部具钩，尾长。整体色彩鲜明；头顶至上背灰色，额和过眼纹黑色，形成黑色的“眼罩”；背至尾上覆羽、两胁和尾下覆羽棕色，喉部至胸、腹的中央白色；飞羽黑色，初级飞羽基部白色，形成一白色翼斑；尾羽黑色。脚黑色。

生活习性 主要栖息于山下及平原地区的农地、果园、林缘及较开阔林地等，尤其偏爱近水的生境。单独或成对活动，性较为凶猛，常立于树枝高处或者电线上，发现猎物时飞出捕食，往往又落回栖处。主要食物为昆虫、小型蜥蜴和蛙类，甚至有时会捕食小型鸟类。鸣唱声粗犷而响亮，会模仿其他鸟的叫声。繁殖期4～7月，筑巢于树上，巢由草叶、细枝等编织而成。

分布居留 较常见的留鸟。见于泰山山下至城郊、汶河流域。

保护状况 IUCN:LC；国家保护的有重要生态、科学、社会价值的陆生野生动物。

红尾伯劳　霞霞子

Lanius cristatus　Brown Shrike

摄影：刘国强

摄影：孙桂玲

形态特征　中等体型的伯劳，体长18～21厘米。嘴黑色。雄鸟额、头顶至后颈灰褐色，具白色眉纹和黑色的宽阔过眼纹；上体褐色，飞羽黑褐色，具棕色羽缘；颊和喉白色，两肋棕色，胸至尾下覆羽棕白色；尾红棕色。脚灰黑色。雌鸟两肋具细小的鳞状斑纹。幼鸟似雌鸟而背部亦有鳞状斑纹。

生活习性　主要栖息于丘陵和平原地带较为开阔的疏林、林缘、灌丛、农田等生境。单独或成对活动，常站在视野良好的高处，飞出捕食后常又落回栖处，主要食物为昆虫。繁殖期时常站在树的高处鸣唱，声音沙哑响亮。繁殖期5～7月，营巢于树枝间。

分布居留　较常见的夏候鸟。见于城区的园林、城郊、汶河流域。

保护状况　IUCN:LC；国家保护的有重要生态、科学、社会价值的陆生野生动物。

虎纹伯劳 花伯劳 虎伯劳

Lanius tigrinus Tiger Shrike

雄/摄影：孙桂玲

雌/摄影：刘兆瑞

形态特征 中等体型的伯劳，体长16～19厘米。嘴灰黑色。雄鸟头顶至上背灰色，宽阔的过眼纹黑色，在上嘴基部相连接；背、翼上面深棕栗色而布满黑褐色细横斑；尾棕栗色，具不明显的深色横斑；下体主要为白色。雌鸟似雄鸟但额为灰色，过眼纹不甚明显，为灰黑色；两胁具较多的黑褐色波状横斑。幼鸟头顶栗褐色，整体布满横斑，腹部的横斑较红尾伯劳显著。

生活习性 主要栖息于山地及附近的阔叶林，单独或成对活动，常站在视野开阔处，以昆虫为主要食物，叫声粗犷。繁殖期5～7月，营巢于树上。

分布居留 较少见的夏候鸟。仅见于泰山低山带。

保护状况 IUCN:LC；国家保护的有重要生态、科学、社会价值的陆生野生动物。

牛头伯劳　红头伯劳

Lanius bucephalus　Bull-headed Shrike

摄影：刘兆瑞

形态特征　中等体型的伯劳，体长19厘米左右。嘴灰色。雄鸟头顶至颈后棕色，嘴基和过眼纹黑色，具白色眉纹；上体灰色，略沾有棕色；飞羽黑褐色，具淡棕色羽缘，初级飞羽基部具一小块白色的翼斑；两胁棕黄色，喉至其余下体白色；尾灰褐色；脚深灰色。雌鸟似雄鸟但头部黑色区域为褐色，上体较偏褐色，两胁多具有深色细横纹，翼上无白色翼斑。幼鸟似雌鸟，但无白色眉纹。

生活习性　主要栖息于较开阔的疏林、林缘等，性较为活泼，习性似其他伯劳类，以昆虫为主要食物，叫声粗犷。繁殖期5～7月，营巢于树上。

分布居留　少见的夏候鸟。仅见于泰山。

保护状况　IUCN:LC；国家保护的有重要生态、科学、社会价值的陆生野生动物。

楔尾伯劳* 长尾灰伯劳

Lanius sphenocercus Chinese Gray Shrike

摄影：刘国强

形态特征 体型最大的伯劳，体长31厘米左右。尾呈楔形。整体色彩黑白灰相间。嘴灰黑色。上体主要为灰色，具白色眉纹和宽阔的黑色过眼纹。飞羽基部白色，形成宽阔的白色翼斑，次级飞羽和三级飞羽尖端白色。下体白色。中央尾羽黑色，端部白色；外侧3对尾羽全白色。脚黑色。

生活习性 主要栖息于开阔近水的疏林和具少量树木的草地等生境。性活泼且较为凶猛，常站在树枝或电线等视野开阔的高处，伺机飞出捕食。主要食物为昆虫，也可捕食小型两栖爬行类和鸟类。叫声响亮而粗犷。

分布居留 冬候鸟。见于汶河流域、城郊。

保护状况 IUCN:LC；国家保护的有重要生态、科学、社会价值的陆生野生动物。

灰伯劳

Lanius excubitor　Great Grey Shrike

摄影：张春福

形态特征　大型伯劳，体长24～27厘米。整体似楔尾伯劳，但尾不为楔形且较短。雄鸟甚似楔尾伯劳，但腰部为白色，翼折叠时白色翼斑分为上下两部分，展开时翼斑较小，尾羽仅最外侧1对为全白色。雌鸟和幼鸟体色较偏褐色。

生活习性　主要栖息于开阔的疏林、林缘、具少量树木的灌丛或草地等生境。单独或成对活动，习性似楔尾伯劳。有将猎物挂在树枝上储存的习性。

分布居留　20世纪80年代记录于泰山一带，为冬候鸟。近年来暂未发现。

保护状况　IUCN:LC；国家保护的有重要生态、科学、社会价值的陆生野生动物。

鸦科

Corvidae

体型较大的鸣禽；嘴较为粗壮，上嘴常略下弯，鼻部通常覆盖有鼻羽；翼较圆，一些体型大的种类翼端具有翼指；脚强健。智力较高，很多种类适应力强，多集群生活，会成群驱逐入侵领域的猛禽等大型鸟类。栖息于林地和草地等多种生境，一些种类适应城市生活。杂食性，更倾向于取食昆虫和小型动物等。多营巢于树上，一些种类营巢于崖壁下、洞穴中。

灰喜鹊　山喳子　长尾巴狼

Cyanopica cyanus　Azure-winged Magpie

摄影：刘兆瑞

摄影：刘国强

幼鸟/摄影：孙桂玲

形态特征　体型中等偏大的鸣禽，体长33～40厘米，较喜鹊体型小且瘦长。整体呈蓝灰色，特征明显，极易辨识。眼黑褐色，嘴较细长，黑色。头顶、耳羽和后枕黑色，颏、喉白色。背灰色，腹灰白色。两翼灰蓝色，具天蓝色光泽。尾长，亦为具天蓝色光泽的灰蓝色，尾尖具白色端斑。幼鸟头顶多浅色斑，小覆羽棕褐色。

生活习性　栖息于城区、城郊、农田附近和低山丘陵地区等的林地。集群活动，适应力强，常伴人生活。杂食，主要食物为昆虫、植物果实等，常会在垃圾中翻找食物残渣。在地面活动时蹦跳前进，不行走。活动时鸣叫频繁，鸣声较为多变，对于来自地面的危险告警声粗粝、单调，联络声较轻柔，集群及对来自天空的危险的告警声急促，有时会结群驱赶入侵巢区的大型鸟类。繁殖期5～7月，常集群营巢于次生林中，巢较小，外径17厘米左右，外侧由细枝编织，其内垫有兽毛、纤维以及树叶等柔软的衬材。卵灰白或灰绿色，满布褐色斑点。

分布居留　甚常见的留鸟。广布于泰山、城区、城郊和汶河流域的林地。

保护状况　IUCN:LC；国家保护的有重要生态、科学、社会价值的陆生野生动物。

红嘴蓝鹊 *

Urocissa erythroryncha Red-billed Blue Magpie

摄影：刘冰

摄影：孙桂玲

形态特征 大型鸣禽，体长54～65厘米。整体色彩鲜明，尾羽甚长，特征明显。眼橙红色，嘴红色。头、颈、胸黑色，头顶至后颈有一明显的银紫色块斑。背、肩、腰为较暗的淡蓝紫色，翼上面为较亮的浅蓝紫色，飞羽末端有白尖。中央尾羽甚长，蓝灰色，具白色端斑；两侧尾羽逐渐变短，为淡蓝紫色，有白色端斑和黑色次端斑。脚橙红色。幼鸟羽色较灰暗，头部浅色斑延伸至额；嘴灰色，以后逐渐变为黄色；脚为浅黄色。

生活习性 栖息于山区和山下的阔叶林、针阔混交林中。喜好群居，常成对或成小群活动，在地面活动时通常齐足蹦跳而非行走。杂食，主要食物为昆虫、小型脊椎动物、植物果实及种子等。叫声复杂多变，常会发出粗哑的“喳、喳、喳”声，有时还会发出响亮奇特的叫声。繁殖期5～7月，营巢于较高的树木或竹林上，以枯枝、枯草、须根等构成碗状巢。

分布居留 少见的留鸟。偶见于泰山山区。

保护状况 IUCN:LC；国家保护的有重要生态、科学、社会价值的陆生野生动物。

喜　鹊　野鹊　老鸹

Pica pica　Common Magpie

摄影：孙桂玲

摄影：刘兆瑞

形态特征　体型较大的鸣禽，体长45厘米左右。整体羽色黑白相间，尾长，特征鲜明。头、颈、胸黑色，沾有紫蓝色金属光泽。背黑色而沾有蓝绿色金属光泽，肩羽白色，飞行时可见其背后呈"V"形白斑。初级飞羽有大块白斑，其余飞羽黑色，具蓝绿色金属光泽。尾羽黑色，具紫绿色金属光泽。腹部白色，尾下覆羽和腿覆羽黑色。嘴和脚均为黑色，虹膜褐色。幼鸟羽毛似成鸟，但黑色部分呈黑褐色且缺少光泽。

生活习性　栖息于山区、平原和城区的林地、农田、草地、河滩、城市园林等各种生境，适应性甚强。繁殖期常成单或成对活动；非繁殖期会聚集成群，会结群驱赶入侵巢区的大型鸟类。杂食性，主要食物为昆虫、小型动物、垃圾、腐肉、植物果实等。在地面活动时常迈步行走。鸣声单调、粗哑而响亮，常常边叫边向下摆动尾羽，伴有点头躬腿等动作。繁殖期3～7月，雌雄共同筑巢；巢较大，一般呈球状，通常由枯枝搭建而成，搭建在较高的树上以及无线电发射塔等金属构筑物上。

分布居留　甚常见的留鸟。在本区各地皆有分布。

保护状况　IUCN:LC；国家保护的有重要生态、科学、社会价值的陆生野生动物。

红嘴山鸦 红嘴老鸹

Pyrrhocorax pyrrhocorax Red-billed Chough

摄影：孙桂玲

摄影：孙桂玲

摄影：孙桂玲

形态特征 体型较大的鸣禽，体长35～48厘米。眼褐色。嘴下弯，红色。通体黑色，具有蓝绿色金属光泽。脚红色。幼鸟嘴基及上嘴顶端淡粉褐色，脚褐色。

生活习性 栖息于开阔的山区及低山丘陵地带。常成对或成小群在天空盘旋，觅食多在地上进行。主要食物为昆虫，也吃一些植物果实、种子等。叫声洪亮单调，结群飞翔时叫声多变。繁殖期4～7月，营巢于山地及河谷附近的崖壁等处的岩石缝隙、岩洞中，巢为碗状，以枯枝、草叶等构成，内衬有纤维。

分布居留 留鸟。仅分布于泰山中、高山带。

保护状况 IUCN:LC。

达乌里寒鸦　小老鸹

Corvus dauuricus　Daurian Jackdaw

摄影：孙桂玲

摄影：刘冰

摄影：刘华东

摄影：彭国胜

形态特征　中型鸣禽，但为较小的鸦类，体长30～35厘米。嘴较短，黑色。全身羽色黑白相间，后颈、颈侧至胸、腹为淡灰白色，其余部分为黑色，头部的耳羽及眼的上方和下方有白色细纹。眼褐色，脚黑色。幼鸟黑白色彩反差小，第一龄冬羽身上的白色部分均为深灰色。

生活习性　栖息于山区、丘陵、平原的林地、农田、城市园林等多种生境，会与其他鸦属鸟类一起生活在城市中。喜好群居，冬季常结成大群。杂食性，主要食物为昆虫、腐肉、垃圾、植物果实和种子等。叫声嘈杂。繁殖期4～6月，常在崖壁上的洞穴中或者高大建筑的屋檐下营巢，巢由枯枝等构成。

分布居留　主要为冬候鸟。见于泰山山区、城郊。20世纪80年代记载为留鸟。

保护状况　IUCN:LC；国家保护的有重要生态、科学、社会价值的陆生野生动物。

秃鼻乌鸦 乌鸦

Corvus frugilegus Rook

摄影：张培栋

摄影：孙桂玲

摄影：关克

形态特征 体型较大的鸦类，体长47厘米左右。翼较长，翼指较显著，飞行时可见尾呈楔形。嘴呈圆锥形，较其他鸦类直且尖，深灰色，成鸟嘴基部皮肤裸露呈灰白色。全身羽毛黑色，具蓝紫色金属光泽。眼暗褐色，脚黑色。幼鸟似成鸟而羽色缺少光泽且鼻部被毛。

生活习性 栖息于低山、丘陵、平原、乡村、河流附近、城市等。多成小群觅食，冬季可以结成数百只的大群。杂食性，主要食物为昆虫、小型脊椎动物、垃圾、腐肉以及植物的果实、种子等。叫声粗粝，常边飞边鸣，或在树上边叫边前后伸缩头部。繁殖期3～7月，在树上营巢，以枯枝、枯草等构成碗状巢。

分布居留 20世纪80年代记载在泰山为留鸟，近年来仅在汶河流域有1次记录。

保护状况 IUCN:LC；国家保护的有重要生态、科学、社会价值的陆生野生动物。

白颈鸦　白脖老鸹

Corvus pectoralis　Collared Crow

摄影：刘冰

摄影：刘兆瑞

形态特征　大型鸦类，体长54厘米左右。整体为黑白两色，白色部分从后颈向两侧延伸至胸前，其余部分为黑色，头、颈具淡紫色金属光泽，飞羽具淡绿色金属光泽。幼鸟白色部分为土黄色或浅褐色。较达乌里寒鸦体型大、白色区域仅至胸部而非延伸至腹部。

生活习性　栖息于平原、丘陵、乡村等低山带。常单独或成对活动，很少集群。性机警，难以接近。杂食性，主要食物为昆虫、小型脊椎动物、植物的果实或种子、垃圾、腐肉等。叫声洪亮，常边飞边叫或在树上伸颈鸣叫。繁殖期3～6月，在高大乔木或崖洞内营巢，巢材为枯枝，内衬以枯草等。

分布居留　留鸟。20世纪80年代记录于泰山、泰安，也见于东平；近年来仅在东平偶有发现。

保护状况　IUCN:NT。

大嘴乌鸦 黑老鸹

Corvus macrorhynchos Large-billed Crow

摄影：桑新华

摄影：刘兆瑞

形态特征 大型鸦类，体长50厘米左右。嘴粗厚，黑色，上嘴前部下弯，鼻部覆盖有黑色羽毛。前额特别突出，与嘴呈直角。通体黑色，头、背、肩、翼、尾羽等均具蓝紫色金属光泽。脚黑色。

生活习性 栖息于山区及平原的农田、林地、草地、城市园林等多种生境中，适应力强，冬季常在人类居住地集群活动。繁殖期成对活动，非繁殖期结小群活动，冬季可集成四五百只的大群。杂食性，主要食物为昆虫、小型脊椎动物、腐肉、垃圾以及植物的果实、种子等。叫声为单调粗犷的“哇、哇”声。繁殖期3～6月，在较高的树上营巢，巢呈碗状，较喜鹊的巢平，以枯枝构成，内衬以枯草、树皮、毛发等。

分布居留 留鸟。20世纪80年代记载在泰山及泰山城郊较多，现在较为少见，可见于泰山北部山区。

保护状况 IUCN:LC。

玉鹟科

Stenostiridae

小型鸣禽；嘴尖而基部较宽，嘴角旁具有较为发达的嘴须；尾通常较长，展开呈扇形。栖息于林地、林缘或灌丛中。主要以昆虫为食。

方尾鹟 *

Culicicapa ceylonensis Grey-headed Canary Flycatcher

摄影：桑新华

形态特征 体型较小的鹟类，体长10～13厘米。头后的羽毛略长，使头型略显方形。整体色彩鲜明，头、颈、上胸灰色，背至尾橄榄黄绿色，下体黄色。上嘴黑色，下嘴色浅。脚黄褐色。

生活习性 栖息于山区和平原的阔叶林、竹林、林缘、灌丛中，单独、成对或成小群活动，性活泼，多在树上跳来跳去，追捕昆虫，时常会将尾展开。鸣声清脆，典型鸣声四音节一组，似“快跑快离”。繁殖期5～8月。

分布居留 近年来的新记录，皆于晚春发现于泰山，可能为迷鸟或夏候鸟。

保护状况 IUCN:LC；国家保护的有重要生态、科学、社会价值的陆生野生动物。

山雀科

Paridae

小型鸣禽；嘴较短而强健，似圆锥状；翼较短，尾较方。主要栖息于林地，性活泼，喜鸣叫，常在树上、灌丛至地面活动。主要食物为昆虫，也会吃一些植物性食物。营巢于树洞、人工巢箱等小型洞穴、缝隙中。

大山雀 远东山雀 吱吱黑 唧唧魂

Parus cinereus Cinereous Tit

摄影：张培栋

摄影：刘兆瑞

幼鸟/摄影：孙桂玲

形态特征 小型鸣禽，但为较大的山雀，体长13～15厘米。嘴较尖，黑色。头、颏及喉部灰黑色，两颊各具一较大的近似三角形白斑，后颈有一白色块斑。上背灰绿色，其余上体灰色。翼灰色，上面具一道较细的白色翼斑。一条黑带自喉部沿胸中央向下延至尾下覆羽，雄鸟的胸带较雌鸟宽。其余下体灰白色。中央尾羽灰色，最外侧尾羽白色，其余尾羽黑褐色而具灰色外缘。脚黑褐色。

生活习性 主要栖息于山区和山下的林地、林缘，也常见于果园或城市园林的树上。性活泼，较为大胆，行动灵巧，常在树枝间跳跃，活动区域从树冠层、灌丛一直到地面。常会成对或成小群活动，有时也单独活动。善鸣叫，鸣声多变，有一种典型叫声似“嗞嗞黑、嗞嗞黑”，故有“吱吱黑”的俗名；繁殖期鸣唱声婉转。主要以昆虫为食，也食种子、草籽等植物性食物。繁殖期4～8月，营巢于树洞、墙洞、人工巢箱中，巢由苔藓、纤维等构成。

分布居留 常见的留鸟。在本区广布，在泰山山区甚为常见。

保护状况 IUCN:LC；国家保护的有重要生态、科学、社会价值的陆生野生动物。

黄腹山雀 *

Pardaliparus venustulus　Yellow-bellied Tit

雄/摄影：张培栋

雌/摄影：孙桂玲

形态特征　小型山雀，体长9～11厘米。身体较紧凑，尾短。雄鸟头至上背主要为黑色，脸颊以及后颈有醒目的白斑，背及腰灰色；翼暗灰色而飞羽具灰绿色外缘，翼上具两排白色点斑；胸、腹至尾下覆羽黄色；尾黑色，外侧具有白色缘。繁殖期颏、喉至上胸为黑色，形成显著的"胸兜"。雌鸟较雄鸟暗淡，头顶橄榄灰色，眉略具浅色点，上体灰绿色，颏、喉灰白色，胸、腹淡黄绿色。嘴近黑色，脚灰黑色。

生活习性　主要栖息于山区林地中，冬季常下到低山地带及林缘灌丛地带，偏爱针叶林和针阔混交林。常结群活动觅食，繁殖期时成对或单独活动，也常与大山雀等混群。多数时间在树枝间做短距离飞行或跳跃，同时发出"嗞、嗞、嗞"的叫声。主要以昆虫为食，冬季时常吃松子等坚果以及草籽等，取食时会用嘴敲击树皮、坚果壳等。繁殖期4～6月，为地面洞巢，似老鼠洞，巢为杯状，由苔藓和各种植物纤维、毛发等构成。

分布居留　中国鸟类特有种。常见的留鸟或旅鸟。见于泰山山区和山下，迁徙时经过城区和郊区。

保护状况　IUCN:LC；国家保护的有重要生态、科学、社会价值的陆生野生动物。

沼泽山雀　红子　黑头山雀

Poecile palustris　Marsh Tit

摄影：刘兆瑞

形态特征　体型较小的山雀，体长10～13厘米。眼上方的整个头顶至后颈为具有光泽的黑色。上体浅褐色。眼以下脸颊以及胸、腹部至尾下覆羽均为白色，喉黑色，两肋略带褐色。尾灰褐色，外侧尾羽具较细的白色外缘。嘴黑色，脚铅黑色。

生活习性　主要栖息于山区、山麓的林地，有时也出没于林缘、果园或城市园林的树上。常结小群活动，有时与其他种类混群，繁殖期一般成对或单独活动。较为活泼，常在树枝、灌木间跳跃觅食。善鸣叫，叫声清脆单调且重复，繁殖期时鸣唱声婉转。主要以昆虫为食，也吃植物的果实、种子和嫩芽等。繁殖期4～6月，营巢于树洞或人工巢箱中，巢似其他山雀，杯状，主要由苔藓和植物纤维构成。

分布居留　不多见的留鸟。见于泰山山区。

保护状况　IUCN:LC；国家保护的有重要生态、科学、社会价值的陆生野生动物。

攀雀科

Remizidae

小型鸣禽，体形较瘦；嘴呈圆锥状，嘴端尖；翼较短，尾较方。栖息于开阔林地，善于攀援，会倒挂在树枝上。主要以昆虫和植物种子为食。巢多为囊状，编织精巧，悬挂于树枝上。

中华攀雀 *　攀雀

Remiz consobrinus　Chinese Penduline Tit

摄影：刘兆瑞

摄影：孙桂玲

形态特征　小型鸣禽，体长11～12厘米。嘴为尖锥形，黑灰色。雄鸟头顶为灰色，黑色的过眼纹宽阔，形成明显的眼罩，其上具白色眉纹。后颈深栗色，背至腰浅棕色。翼黑褐色，具淡棕色羽缘。下体淡黄褐色。尾呈凹形，中央尾羽短于外侧尾羽，褐色而具浅色羽缘。雌鸟与雄鸟相似，但色较淡，头顶更偏褐色，“眼罩”为褐色。脚为铅灰色。

生活习性　栖息于开阔地带的疏林内，也常见于沼泽地区的芦苇丛间。常结群活动，敏捷活跃，擅长攀援，有时会倒悬于枝头。主要以昆虫为食。繁殖期时会用纤维、杨絮、柳絮等在树枝上编织精致的囊袋状巢。

分布居留　旅鸟。春秋季节见于汶河流域。

保护状况　IUCN:LC；国家保护的有重要生态、科学、社会价值的陆生野生动物。

百灵科

Alaudidae

体型较小的鸣禽，大小一般似麻雀，多数种类整体体色为沙褐色；外侧尾羽近白色，后爪长而直。栖息于草原、河畔草地等开阔地。擅长鸣叫，会一边向上飞入空中一边鸣唱，鸣声悦耳。在地面觅食，杂食性，主要吃昆虫与草籽。营巢于地上。

大短趾百灵 短趾沙百灵

Calandrella brachydactyla Greater Short-toed Lark

摄影：段文科

形态特征 较小的百灵类，体长14～17厘米。整体体形较为紧凑。嘴较厚，黄褐色。上体呈斑驳的浅沙褐色，具有深褐色羽干纹，在头顶较密。眉纹白色或淡棕白色。飞羽深褐色，具浅棕色羽缘。尾羽主要为黑褐色，最外侧两对尾羽具白色斑，展开时明显。胸、腹近白色，尾下覆羽白色，无斑纹。甚似短趾百灵，但颈侧具深色斑块，翅膀折叠时，三级飞羽末端达到初级飞羽末端。

生活习性 主要栖息于平原地带较为干旱、植被较稀疏的草地、灌丛、河边滩地、农田等。单独或结群活动，迁徙时会结大群飞行。在地面觅食，善于奔跑，取食昆虫、草籽等。

分布居留 20世纪80年代调查记载为旅鸟。近年来暂未记录到。

保护状况 IUCN:LC；国家保护的有重要生态、科学、社会价值的陆生野生动物。

短趾百灵　亚州短趾百灵

Alaudala cheleensis　Asian Short-toed Lark

摄影：孙桂玲

摄影：刘兆瑞

摄影：刘国强

形态特征　较小的百灵类，体长14～17厘米。整体甚似大短趾百灵。嘴较厚，为黄褐色。上体呈斑驳的浅沙褐色，具有深褐色羽干纹，眼先、眉纹和眼周白色或淡棕白色。尾羽主要为黑褐色，中央尾羽沙褐色，最外侧尾羽白色，其内侧的一对尾羽具白色斑。下体主要为近白色，但胸侧具褐色纵纹。与大短趾百灵相比颈侧无深色斑块，翅膀折叠时，三级飞羽末端未达到初级飞羽末端。

生活习性　主要栖息于平原和山麓较为干旱、植被较稀疏的草地、灌丛、河边滩地、农田等。单独或结群活动，迁徙时会结大群飞行。在地面觅食，善于奔跑，取食草籽、粮食、昆虫等。春季会近乎垂直地飞到空中并鸣唱，似云雀。繁殖期5～7月，营巢于地面上草丛中的凹陷处。

分布居留　不多见的留鸟。可见于汶河流域。

保护状况　IUCN:LC；国家保护的有重要生态、科学、社会价值的陆生野生动物。

凤头百灵　阿兰子

Galerida cristata　Crested Lark

摄影：刘冰

摄影：刘冰

形态特征　小型鸟类，但为较大的百灵类，体长16～19厘米。嘴较尖，略微向下弯，主要为角质色。头顶后部具较明显的羽冠，在受惊扰时可竖立。整体呈浅沙褐色，上体较下体色深。头顶及羽冠具深色羽干纹，过眼纹深褐色，眉纹淡褐色。飞羽黑褐色，具棕色羽缘。胸具深褐色纵纹。中央尾羽浅褐色，最外侧尾羽棕白色，其余尾羽黑褐色。脚粉褐色。

生活习性　主要栖息于植被较为稀疏的平原或山麓的开阔地，如草地、农田、沙地等。常结群活动，在地面觅食，杂食性，以草籽、谷物和昆虫为食。善于奔跑，遇到危险时常先快步奔跑逃离，飞行多呈波浪状。

分布居留　冬候鸟。可见于汶河流域等水域附近。

保护状况　IUCN:LC；国家保护的有重要生态、科学、社会价值的陆生野生动物；山东省重点保护野生动物。

云　雀

Alauda arvensis　Eurasian Skylark

摄影：彭国胜

形态特征　小型鸟类，但为较大的百灵类，体长15～19厘米。嘴略粗而较为尖长，较短趾百灵细，主要为角质色，嘴端色深。上体呈斑驳的沙褐色，具黑褐色的羽干纹。眼周和眉纹色浅，颊棕色，其后部色浅。头顶羽毛略延长成羽冠，在受惊扰时可竖立。翼上覆羽及飞羽深褐色，羽缘色浅，飞羽端部具白色缘。胸具黑褐色纵纹，腹至尾下覆羽白色。中央尾羽黑褐色，最外侧尾羽白色，在尾羽展开时甚明显。脚肉粉色。与小云雀甚为相似，但体型较大，翼后缘的白色较显著。

生活习性　主要栖息于平原地区的开阔地，尤其是水边的草地、河滩、农田。多成群或成对活动，在地面觅食，以草籽、谷物和昆虫为食。春季时常会近乎垂直地飞入空中，之后振翅悬停，在此过程中不断鸣唱，鸣声婉转悦耳，而后急降而下。

分布居留　冬候鸟或旅鸟。可见于汶河流域等水域附近。

保护状况　IUCN:LC；国家保护的有重要生态、科学、社会价值的陆生野生动物。

小云雀

Alauda gulgula Oriental Skylark

摄影：刘兆瑞

形态特征 较小的百灵类，体长14～17厘米。整体甚似云雀，色彩、体态皆相似，但较云雀体型小，翼后端的白色缘不甚明显。

生活习性 习性甚似云雀，主要栖息于水边的草地、河滩、农田等，主要以草籽、谷物为食，也吃昆虫。春季亦有似云雀的炫耀飞行。繁殖期4～7月，营巢于草丛间的地面凹陷处，巢为杯状，由草的茎秆或叶构成。

分布居留 20世纪80年代调查记载为留鸟。近年来暂未记录到。

保护状况 IUCN:LC；国家保护的有重要生态、科学、社会价值的陆生野生动物。

扇尾莺科

Cisticolidae

小型鸣禽；嘴尖细，翼较短圆；尾一般呈扇形，有些种类尾长；体色多偏褐色。栖息于灌丛、草地或苇丛中，以昆虫为食。

棕扇尾莺

Cisticola juncidis　　Zitting Cisticola

摄影：孙桂玲

形态特征　小型鸣禽，体长10厘米左右。嘴尖而细，褐色。上体主要呈褐色，头顶具深褐色纵纹。背深褐色，具皮黄色纵纹，翼深褐色而边缘皮黄色。腰棕色。喉至腹主要为白色，两胁沾有棕黄色。尾羽黑褐色，具黑色次端斑，中央尾羽长于外侧尾羽且端部为灰色，其他尾羽端部白色。脚粉红色。

生活习性　栖息于农田、河边等的草地生境。一般单独或成对活动，常站在突出的草穗上，或者飞到空中鸣唱。飞行呈波浪状，在向上飞行时，常发出“居、居、居、居”的声音，在平飞和准备降落时，发出“滋咂、滋咂、滋咂……”的叫声，停落时也会发出两种鸣声。主要食物为昆虫。繁殖期5～7月，营巢于草丛之间，巢为椭圆形或吊囊状，由纤细的草叶、草茎等植物纤维编织于植物茎秆之间，有时混合编入蜘蛛网。

分布居留　夏候鸟。见于泰山山麓至城郊、汶河流域。

保护状况　IUCN:LC；国家保护的有重要生态、科学、社会价值的陆生野生动物。

纯色山鹪莺* 纯色鹪莺　褐头鹪莺

Prinia inornata　Plain Prinia

摄影：刘兆瑞

形态特征　体型小但尾长的鸣禽，体长11~14厘米。整体呈褐色。嘴尖而细，上嘴黑褐色，下嘴偏黄色。眼橙褐色。头顶、背、腰、尾以及翼上面为褐色，头顶有时微具深色纵纹。眼周及眉纹皮黄色。喉及腹中央近白色，胸、两胁及尾下覆羽皮黄白色。尾长，呈凸形，外侧尾羽较短。非繁殖羽较繁殖羽偏棕色。脚肉色。

生活习性　栖息于平原和山麓的水域、农田或园地附近的灌草丛中，一般单独或成对活动，有时结小群。性活泼，常在灌草丛中跳动。捕食昆虫。飞行呈波浪形。繁殖期5~7月，营巢于灌草丛中，巢为囊状或深杯状。

分布居留　较为少见，2018年1月记录于汶河流域，推测为留鸟。

保护状况　IUCN:LC；国家保护的有重要生态、科学、社会价值的陆生野生动物。

苇莺科

Acrocephalidae

体型较小的鸣禽。体色主要为褐色，体形较为纤瘦，头顶多较平，嘴尖细，翼短而较圆。多数种类栖息于水边苇丛、稻田中，性较活泼。以昆虫为食。雄鸟善鸣唱，鸣唱声富有变化。很多种类外观相似。

东方大苇莺　大苇莺　苇喳子

Acrocephalus orientalis　Oriental Reed Warbler

摄影：孙桂玲

摄影：刘冰

摄影：孙桂玲

摄影：李艳霞

形态特征　体大的莺类，体长16～19厘米。嘴较尖长，上嘴黑褐色，下嘴基部肉色。上体呈橄榄褐色，腰部偏棕色。眉纹皮黄白色；过眼纹深褐色，不甚明显。喉和上胸近白，其余下体皮黄色。脚灰色。

生活习性　栖息于山脚及平原地带水域中的芦苇等挺水植物丛中，或者水边的苇丛、高草丛、灌丛中等。主要食物为昆虫等小型无脊椎动物。春夏季常站在芦苇梢、树枝上持续鸣唱，叫声甚有特点，富有变化，最具特点的鸣声为响亮的“呱呱呱叽”。繁殖期5～7月，结群营巢于水中或水边的芦苇丛、灌丛、矮柳树丛中，有时会被大杜鹃巢寄生。

分布居留　常见的夏候鸟。可见于山下至汶河流域的各处多芦苇等挺水植物的水域。

保护状况　IUCN:LC；国家保护的有重要生态、科学、社会价值的陆生野生动物。

黑眉苇莺 *

Acrocephalus bistrigiceps Black-browed Reed Warbler

摄影：孙桂玲

形态特征 较小的莺类，体长12～13厘米。嘴尖细，上嘴黑褐色，下嘴色较浅。上体呈橄榄褐色，喉至腹中部近白色，两胁和尾下覆羽皮黄色。脚粉褐色。过眼纹深褐色，其上方具近白色的眉纹；近白色眉纹上方有一道明显的黑色眉纹，以区别于其他小型褐色莺类。

生活习性 栖息于山脚及平原地带水域中的芦苇等挺水植物丛中，或者水域附近的灌草丛中。行动敏捷，常在芦苇中来回穿梭或上下攀援，以昆虫等小型无脊椎动物为食。春夏季常在草丛或灌丛的高处持续鸣唱，鸣唱声较东方大苇莺轻柔许多。繁殖期6～7月，营巢于水中或水边的芦苇丛、灌草丛、矮柳树丛中，巢由草茎和草叶编织而成。

分布居留 常见的夏候鸟。可见于山下至汶河流域的各处多芦苇水域。

保护状况 IUCN:LC；国家保护的有重要生态、科学、社会价值的陆生野生动物。

钝翅苇莺　钝翅稻田苇莺

Acrocephalus concinens　Blunt-winged Warbler

摄影：陈云江

摄影：陈云江

形态特征　较小的莺类，体长12～14厘米。两翼较为短圆，整体似黑眉苇莺，区别在于近白色眉纹较短，几乎不至眼后，其上方不具深色的眉纹；两翼折叠时，第二枚初级飞羽长度与第八、九、十枚次级飞羽等长。

生活习性　栖息于山麓及平原地带的灌草丛中，尤其喜欢水中或近水的苇丛、灌丛和杂草丛。性隐秘而灵巧，主要以昆虫为食。繁殖期时会到苇丛、草丛上方鸣唱，鸣声与黑眉苇莺有不同。繁殖期6～8月。

分布居留　20世纪80年代记录于泰山一带，为夏候鸟。近年来暂未发现。

保护状况　IUCN:LC；国家保护的有重要生态、科学、社会价值的陆生野生动物。

厚嘴苇莺 芦莺

Arundinax aedon Thick-billed Warbler

摄影：段文科

形态特征 体大的莺类，体长20厘米左右。嘴较其他苇莺类略粗。上体褐色，眼先色浅。喉和腹部中央白色，胸、两胁和尾下覆羽淡棕色。上嘴深褐色，下嘴色浅。脚灰色。与其他苇莺类主要区别在于头型较圆，无眉纹和过眼纹，体型较大。

生活习性 主要栖息于山地、平原和水边的疏林、矮树林、林缘、灌丛和高草丛等生境，一般单独活动，较为隐蔽，常在树上、灌丛里寻找昆虫等小型无脊椎动物为食。春季常站在树上鸣唱，鸣唱声多变而复杂。

分布居留 旅鸟。春秋季节迁徙经过泰山山区、城区至城郊的林地。

保护状况 IUCN:LC；国家保护的有重要生态、科学、社会价值的陆生野生动物。

蝗莺科

Locustellidae

小型鸣禽；体色主要为褐色或者橄榄色，有的具纵纹；体形似苇莺类，脚较其他莺类强健，尾呈凸形。习性隐蔽，会在地面或者树枝上走动。以昆虫为食，鸣唱声似虫鸣。

矛斑蝗莺

Locustella lanceolata Lanceolated Warbler

摄影：王大为

形态特征 体型较小的莺类，体长11～14厘米。上体橄榄色，布满黑褐色纵纹，浅皮黄色的眉纹较细，不明显。下体近白色，两胁和尾下覆羽浅褐色，胸前和两胁皆有黑褐色纵纹。尾呈凸形，展开时显得较圆。脚粉色。全身较多的纵纹和偏灰褐的体色使其较易区别于其他莺类。

生活习性 栖息于低山至平原地带的疏林、灌草丛、水边的芦苇丛等。在地面或近地面活动，迈步快速行走而非跳动，不常飞行，遇到危险时常在草下快速窜动或隐藏入灌草丛深处。食物为昆虫及其他小型无脊椎动物。叫声为似螽斯的虫鸣声。

分布居留 旅鸟。见于泰山低山至城郊的农地、草地、灌丛。

保护状况 IUCN:LC；国家保护的有重要生态、科学、社会价值的陆生野生动物。

小蝗莺*

Locustella certhiola　Pallas's Grasshopper Warbler

摄影：孙桂玲

形态特征　中小型的莺类，体长14～16厘米。上体橄榄褐色，布满黑褐色纵纹。眉纹棕白色，过眼纹深褐色。颈侧和上胸淡棕色，两胁和尾下覆羽皮黄，其余下体白色。尾呈凸形。幼鸟两胁具黑褐色纵纹。与矛斑蝗莺区别在于羽色较偏棕色，下体纵纹较少。

生活习性　主要栖息于平原地带、水边、低山的灌草丛、芦苇丛中，习性似矛斑蝗莺。食物为昆虫及其他小型无脊椎动物。叫声似虫鸣声。

分布居留　旅鸟。见于泰山低山至城郊。

保护状况　IUCN:LC；国家保护的有重要生态、科学、社会价值的陆生野生动物。

北蝗莺

Locustella ochotensis Middendorff's Grasshopper Warbler

摄影：桑新华

形态特征 中等体型的莺类，体长16厘米左右。上体锈褐色。眉纹灰白色，过眼纹深褐色。胸沾皮黄色，两胁沾橄榄褐色，尾下覆羽淡皮黄色，其余下体白色。尾呈凸形。脚粉色。
生活习性 主要栖息于平原地带、水边、低山的灌草丛中，单独或成对活动，生性隐蔽，在地面活动时迈步行走而非跳动。食物为昆虫及其他小型无脊椎动物。
分布居留 20世纪80年代记录为旅鸟。近年来暂未发现。
保护状况 IUCN:LC；国家保护的有重要生态、科学、社会价值的陆生野生动物。

燕科

Hirundinidae

小型鸣禽，嘴短而基部宽阔；翼长而尖，初级飞羽长，次级飞羽短；尾多为叉状或浅叉状，脚较短。飞行快速灵巧，常集群长时间在空中飞行，捕食飞虫，休息时会停落于电线上。常筑巢在建筑物或崖壁上，很多种类用泥土、苔藓、杂草等混合唾液筑巢。

家　燕　燕子

Hirundo rustica　Barn Swallow

摄影：刘兆瑞

家燕东北亚种*H.r.mandschurica*/摄影：刘兆瑞

摄影：刘国强

形态特征　体型较小的燕类，体长15～19厘米。背及翼上覆羽黑色而具深蓝黑色金属光泽，前额、颏、喉及上胸栗色，上胸有一黑蓝色胸带将浅色的腹与栗色上胸隔开。尾长而分叉，内侧尾羽近端部有白斑。眼、脚、嘴均为黑色。普通亚种*H.r.gutturalis*腹白，东北亚种*H.r.mandschurica*下胸及腹淡褐色。

生活习性　喜欢栖息在人类生活的环境，善飞，飞行敏捷、迅速、方向多变，常整日在村庄、池塘、田野间飞翔，飞捕昆虫，并发出尖锐而急促的叫声。迁徙时常成群停栖、夜宿于电线上。繁殖期4～7月，会在民居和古建筑屋檐下用泥土、线、麻、草根等混合唾液筑巢，有用旧巢的习性。

分布居留　普通亚种*H.r.gutturalis*为甚常见的夏候鸟，东北亚种*H.r.mandschurica*为旅鸟。除泰山中山带、高山带的林地外，本区内均有分布。

保护状况　IUCN:LC；国家保护的有重要生态、科学、社会价值的陆生野生动物。

金腰燕　赤腰燕

Cecropis daurica　Red-rumped Swallow

摄影：孙桂玲

摄影：孙桂玲

摄影：刘国强

形态特征　体型大小与家燕相似，体长16～20厘米。背及翼上覆羽深黑蓝色，后颈栗黄色，形成领环，腰有一栗色横带，下体栗白色而具黑色纵纹。尾长而分叉，黑色，无斑。眼褐色，嘴和脚黑色。

生活习性　栖息于山下平原的村庄和城镇中，习性似家燕，飞行敏捷、迅速、方向多变，常伴有尖叫。繁殖期4～7月，繁殖开始前常成对飞翔，或并排站在电线上。会在屋檐下用泥土混合植物纤维之类的杂物堆砌成半碗或者半个花瓶状的巢，巢口较小，有用旧巢的习性。

分布居留　常见且分布广泛的夏候鸟。泰山低山、城区及汶河流域皆有分布。

保护状况　IUCN:LC；国家保护的有重要生态、科学、社会价值的陆生野生动物。

崖沙燕 沙燕

Riparia riparia Sand Martin

摄影：于瑞华

摄影：刘冰

摄影：刘兆瑞

形态特征 小型燕类，体长11～14厘米，上体灰棕色，下体和翼下覆羽白色，有一棕色胸带。尾呈浅叉状。眼黑褐色，嘴和脚黑色。

生活习性 主要栖息在河流、沼泽、湖泊岸边沙滩和石滩上，善飞，尤其善于捕捉接近地面或水面飞行的昆虫。繁殖期5～7月，营巢于水边沙土断崖上，用嘴啄洞为巢，常集群营巢。

分布居留 旅鸟或夏候鸟。可见于东平湖和汶河流域，在汶河流域有繁殖。

保护状况 IUCN:LC；国家保护的有重要生态、科学、社会价值的陆生野生动物。

毛脚燕　白腹毛脚燕　小石燕

Delichon urbicum　Common House Martin

摄影：桑新华

形态特征　小型燕类，体长13～15厘米。背深蓝黑色，具金属光泽，翼上覆羽黑色，腰、尾上覆羽和下体白色，翼下覆羽灰色，尾叉较家燕浅。眼深褐色，嘴黑色，扁平而宽阔。脚橙色或淡肉色，被白色绒羽。

生活习性　主要栖息在山地裸岩、林地、草坡、河谷等生境，尤喜近溪谷的山岩，常成群活动，迁徙期会结成数百只的大群。

分布居留　旅鸟。20世纪80年代记录于泰山，近年来暂未发现。

保护状况　IUCN:LC；国家保护的有重要生态、科学、社会价值的陆生野生动物。

鹎科

Pycnonotidae

中等体型的鸣禽，站姿较直；嘴较为细长，有些种类嘴短粗而下弯；脚较短。主要栖息于林地，常集群在树上活动，性活泼。主要以昆虫和浆果为食。筑巢于树上或灌丛中。

白头鹎　白头翁

Pycnonotus sinensis　Light-vented Bulbul

摄影：刘国强

摄影：刘国强

摄影：刘冰

幼鸟/摄影：刘兆瑞

形态特征　小型鸟类，体长17～22厘米。眼褐色；嘴较尖，黑色。额至头顶黑色，耳羽后部有一白斑，两眼上方至后枕白色，形成一白色枕环。头后的羽毛可以竖起，形成短羽冠。颏及喉部白色，胸灰褐色，形成不明显的宽阔胸带。上体橄榄灰色、具黄绿色羽缘。腹白色，具不明显的黄绿色纵纹。尾和两翼暗褐色，具黄绿色羽缘。脚黑色。幼鸟头灰褐色，背橄榄色，胸部浅灰褐色，腹部及尾下覆羽灰白色。

生活习性　主要栖息于低山和平原地区的林地、疏林、灌丛、草地、果园、城市园林、村落、竹林等生境。常成群在灌木和小树上活动，性活泼，不甚畏人。善鸣叫，鸣声婉转多变。杂食性，既食昆虫等动物性食物，也吃浆果等植物性食物，有时会立于树冠高处，飞起捕食飞虫又飞回栖处；繁殖季节几乎全以昆虫为食。繁殖期4～8月，营巢于小树、灌木上，巢主要由草茎、草叶、细枝等编织而成，近年来发现塑料袋碎片也常被用作巢材。

分布居留　甚常见的留鸟。几乎分布于本区的所有林地。

保护状况　IUCN:LC；国家保护的有重要生态、科学、社会价值的陆生野生动物。

领雀嘴鹎 *

Spizixos semitorques　Collared Finchbill

摄影：孙桂玲

摄影：刘兆瑞

形态特征　小型鸟类，体长17～21厘米。嘴短而粗厚，嘴尖略下弯，为淡黄色。额和头顶黑色，脸颊具白色细纹，头后和颈部渐变为深灰色。额基近鼻孔处和嘴角各有一小白斑，喉黑色，前颈有一白色颈环。上体暗橄榄绿色，下体橄榄黄色，尾黄绿色，具暗褐色或黑褐色端斑。虹膜褐色，脚淡灰褐或褐色。

生活习性　主要栖息于低山丘陵和山麓平原地区的森林和林缘，尤其喜栖居于溪边沟谷灌丛、林缘疏林、次生林等生境，有时也出现在庭院、果园和村舍附近的丛林与灌丛中。常成群活动，有时也单独或成对活动。鸣声婉转悦耳。食性较杂，主要食物有昆虫、浆果等。繁殖期5～7月，营巢于树的小枝或者灌木上。

分布居留　留鸟。见于泰山和山下的园林。此种本分布于南方，近年来在本区及周边地区亦有发现。由于是野鸟贸易上较常出现的种类，故其最初来源可能为放生和自然扩散兼有。

保护状况　IUCN:LC；国家保护的有重要生态、科学、社会价值的陆生野生动物。

柳莺科

Phylloscopidae

体小的鸣禽，体色多为褐色或绿色，多具有浅色眉纹，嘴尖细，翼短而较圆。生活在林地或灌丛中，习性甚为活泼，在树枝间不停跳动，以昆虫为食。很多种类外观相似，但叫声差别较大。

褐柳莺

Phylloscopus fuscatus Dusky Warbler

摄影：彭国胜

形态特征 体小的莺类，但为中等大小的柳莺类。体长11～12厘米。嘴较尖细，上嘴深褐色，下嘴偏黄色。上体呈褐色，飞羽外侧羽缘橄榄色。眉纹棕白色，其末端为皮黄色；过眼纹深褐色。喉近白色，两胁浅棕褐色，尾下覆羽棕黄色，其余下体淡褐色。脚淡黄褐色。较巨嘴柳莺色彩偏灰褐，嘴较尖细。

生活习性 栖息于低山至平原地带的灌木林及林下灌丛，较偏爱近水的环境。性活泼而较隐蔽，常在灌丛内来回跳动，以昆虫等小型节肢动物为食。叫声为单音节的“嗒、嗒、嗒”声。

分布居留 旅鸟。春季和秋季见于泰山低山至城郊、汶河流域。

保护状况 IUCN:LC；国家保护的有重要生态、科学、社会价值的陆生野生动物。

巨嘴柳莺 *

Phylloscopus schwarzi　Radde's Warbler

摄影：张培栋

形态特征　中等大小的柳莺类，体长11～14厘米。嘴相对其他柳莺类较短粗。整体似褐柳莺，上体呈橄榄褐色，下体色浅，尾下覆羽棕黄色。与褐柳莺区别在于整体体色略偏黄绿；嘴较粗；眉纹较模糊，前部色深，后部色浅。

生活习性　栖息于低山至平原地带的灌木林及林下灌丛。习性似褐柳莺，活泼而较隐蔽，常在灌丛中活动，以昆虫等小型节肢动物为食。叫声为似“喳、喳、喳”的中间略微颤动的单音节鸣声，和褐柳莺略有不同。

分布居留　旅鸟。春季和秋季见于泰山低山至城郊、汶河流域。

保护状况　IUCN:LC；国家保护的有重要生态、科学、社会价值的陆生野生动物。

棕眉柳莺 *

Phylloscopus armandii Yellow-streaked Warbler

摄影：胡敬林

形态特征 中等大小的柳莺类，体长11～13厘米。嘴较短但尖细，尾略微分叉，整体呈褐色。上体橄榄褐色，下体主要为淡褐色，腹部具不甚明显的黄色纵纹。眉纹较长，棕白色，前段色深。与褐柳莺、巨嘴柳莺主要区别在于下体的整体色彩较浅。

生活习性 栖息于山地的森林和林缘、灌丛中，一般单独或成对活动，性活泼，常在灌木和树的枝条之间跳动，主要以昆虫为食。叫声为较褐柳莺、巨嘴柳莺轻柔悦耳的“听、听、听”声，鸣唱声为成串的“叽叽驾驾驾驾驾”。繁殖期5～7月。

分布居留 夏候鸟。于泰山高山带有繁殖。

保护状况 IUCN:LC；国家保护的有重要生态、科学、社会价值的陆生野生动物。

黄腰柳莺

Phylloscopus proregulus　Pallas's Leaf Warbler

摄影：张培栋

摄影：孙桂玲

形态特征　小型柳莺，体长9厘米左右。上体橄榄绿色，腰部柠檬黄色。眉纹黄白色，前段黄色较浓；头顶中央有淡黄绿色的明显顶纹。下体近白色，两胁和尾下覆羽沾黄色。翼上大覆羽黑褐色，具两道明显的黄白色翼斑，飞羽和尾羽黑褐色，外侧具黄绿色羽缘，三级飞羽具白色羽缘。脚为褐色。

生活习性　栖息于山地和平原的林地，偏好针叶林和针阔混交林，性活泼，常在树枝间来回跳动，捕食小型昆虫、蜘蛛等。叫声为轻柔而尾音上扬的“啾——”声，较黄眉柳莺声音短而略沉闷，春季时常会鸣唱，鸣唱声多变、悦耳而嘹亮。

分布居留　较常见的旅鸟，少部分为冬候鸟。广布于泰山低山至城郊、汶河流域。

保护状况　IUCN:LC；国家保护的有重要生态、科学、社会价值的陆生野生动物。

云南柳莺 *

Phylloscopus yunnanensis Chinese Leaf Warbler

摄影：刘兆瑞

摄影：彭国胜

形态特征 小型柳莺，体长10厘米左右，略大于黄腰柳莺。头部具浅色顶纹，眉纹较长，近白色，前段沾淡黄色。上体灰绿色，腰部黄白色，下体近白色。翼上具两道近白色翼斑，大覆羽、飞羽和尾羽暗褐色，飞羽和尾羽具灰绿色羽缘。脚为褐色。全身整体颜色较黄腰柳莺色彩偏灰。

生活习性 主要栖息于山地的针叶林、针阔混交林中。在树上活动，取食小型昆虫等。春夏季节常立于针叶树的顶端鸣唱不休，鸣唱声为重复不断的、干涩的、尾音略上扬的“克恰”声，叫声为一串急促的清脆单音节哨声。繁殖期5～7月，营巢于山地的灌草丛中。

分布居留 夏候鸟。夏季时常见且仅见于泰山高山带。

保护状况 IUCN:LC；国家保护的有重要生态、科学、社会价值的陆生野生动物。

黄眉柳莺

Phylloscopus inornatus　Yellow-browed Warbler

摄影：孙桂玲

形态特征　中等大小的柳莺类，体长11～13厘米。上嘴和下嘴前部黑褐色，下嘴基近黄色。上体橄榄绿色，眉纹黄白色，头顶中央有时有甚不明显的浅色顶纹。下体近白色，胸、两胁和尾下覆羽沾柠檬黄色。尾羽黑褐色，外侧具黄绿色羽缘。翼上具两道清晰的白色翼斑，翼斑之间的大覆羽黑褐色；飞羽黑褐色，外侧羽缘黄绿色，三级飞羽具白色羽缘。在本地区，与其他无浅色腰部和无明显顶纹的绿色柳莺类相比，其主要区别在于其翼整体色彩较“花”。

生活习性　栖息于山地和平原的林地中，性活泼，常在树枝间来回跳动，捕食蚜虫等小型节肢动物。叫声尖细响亮，尾音上扬，似“紫薇、唯——”。

分布居留　旅鸟。本地区春秋季节最常见的柳莺，广布于泰山低山至城郊、汶河流域。

保护状况　IUCN:LC；国家保护的有重要生态、科学、社会价值的陆生野生动物。

极北柳莺

Phylloscopus borealis　　Arctic Warbler

摄影：桑新华

摄影：于瑞华

形态特征　体型中等偏大的柳莺类，体长12厘米左右。上嘴和下嘴前部深褐色，下嘴基部粉黄色。上体橄榄绿色。眉纹较长，黄白色，无顶纹。翼斑黄白色，较细，第一道翼斑甚不显著或缺失。翼上大覆羽橄榄绿色的羽缘较宽，故两道翼斑之间为橄榄绿色。下体近白色，两胁和腹部沾浅橄榄色。脚粉褐色。较淡脚柳莺头顶偏绿色。

生活习性　栖息于林地、林缘地带，尤其是近水的林地。性活泼，常在树冠的枝条间来回跳动，以昆虫为食。叫声为单音节的"嗞、嗞"声，或一串急促而声调平稳的"啾啾啾……"声。

分布居留　旅鸟。见于泰山中、低山至城郊、汶河流域。

保护状况　IUCN:LC；国家保护的有重要生态、科学、社会价值的陆生野生动物。

双斑绿柳莺　暗绿柳莺

Phylloscopus plumbeitarsus　Two-barred Warbler

摄影：李全江

形态特征　体型中等偏大的柳莺类，体长11～12厘米。嘴较尖长，上嘴黑褐色，下嘴粉黄色。上体橄榄绿色。眉纹较长，近白色，无顶纹。翼斑显著，第一道翼斑黄白色，第二道为白色，翼斑之间橄榄绿色。下体近白色，两胁灰黄色，尾下覆羽浅灰黄绿色。脚褐色。与极北柳莺相比其翼斑更显著，下嘴的颜色不同。与淡脚柳莺相比其头部色彩偏绿，下嘴整体色浅，脚的颜色较深。

生活习性　栖息于山地和山麓的林地、林缘地带，偏好针叶林和针阔混交林。习性似极北柳莺，活跃于树上，以昆虫为食。叫声似麻雀，鸣唱声清脆而较多变化。

分布居留　旅鸟。见于泰山山区。

保护状况　IUCN:LC；国家保护的有重要生态、科学、社会价值的陆生野生动物。

淡脚柳莺 *　灰脚柳莺

Phylloscopus tenellipes　Pale-legged Leaf Warbler

摄影：张培栋

摄影：张培栋

形态特征　体型中等的柳莺类，体长11厘米左右。整体甚似极北柳莺。上体橄榄色，头部绿灰色，近白色的眉纹长且显著。有两道较细的黄白色翼斑，有时第一道翼斑消失，翼斑之间橄榄绿色。脚浅粉色。与极北柳莺主要区别在于其头部色彩较灰。

生活习性　栖息于山地和平原的林地中，尤其是近溪水、河流的林地。迁徙和越冬期常结群活动，常活跃于树上，以昆虫为食。

分布居留　旅鸟。见于泰山山区。

保护状况　IUCN:LC；国家保护的有重要生态、科学、社会价值的陆生野生动物。

冕柳莺　大冕纹柳莺

Phylloscopus coronatus　Eastern Crowned Warbler

摄影：刘国强

摄影：王兴娥

形态特征　体型中等偏大的柳莺类，体长11～12厘米。嘴略长，上嘴深褐色，下嘴粉黄色。上体橄榄绿色；头部深灰绿色，具前段不甚清晰的近白色顶纹；眉纹近白色，前段沾黄色。有两道黄白色翼斑，第一道翼斑常不清晰甚至消失，翼斑之间橄榄绿色。下体近白色，沾有黄色，尾下覆羽柠檬黄色。脚褐色。与冠纹柳莺的区别在于翼斑较细且第一道翼斑不显著甚至消失，翼斑之间偏绿色，眉纹较黄。

生活习性　栖息于山地和平原的林地中，尤其是近溪水、河流的林地。常活跃于树冠层，在树枝间飞来飞去，以昆虫为食。叫声为单调的单音节“吱”声，鸣声为具有规律的四音节一组，最后一个音节拖长且上扬，且结束音节常为“驾—驾—叽”，为其典型鸣声。

分布居留　旅鸟。见于泰山及山麓一带。

保护状况　IUCN:LC；国家保护的有重要生态、科学、社会价值的陆生野生动物。

冠纹柳莺 *

Phylloscopus claudiae Claudia's Leaf Warbler

摄影：刘冰

形态特征 中等体型的柳莺类，体长10～11厘米。整体似冕柳莺。上体为橄榄绿色，头部深灰绿色，具近白色的顶纹和眉纹。翼上具两道显著的黄白色翼斑，翼斑之间主要为深褐色。下体灰白色，沾有黄色。

生活习性 栖息于山区的林地中，多活动在树冠层，性活泼，主要以昆虫为食。常分别弹动单侧的翅膀，是本种的典型行为特征。典型鸣声为一串急促的“啾即啾即啾啾啾啾啾……”声。繁殖期5～7月，营巢于灌草丛、岩穴、树洞中。

分布居留 夏候鸟。见于泰山高山带。

保护状况 IUCN:LC；国家保护的有重要生态、科学、社会价值的陆生野生动物。

淡尾鹟莺 *

Seicercus soror　Plain-tailed Warbler

摄影：张培栋

摄影：张培栋

形态特征　小型莺类，体长11～12厘米，体形似柳莺。上体橄榄绿色，下体黄色。嘴略长于其他金眶鹟莺类种组成员，上嘴黑色，下嘴黄色。头部具金黄色眼眶，顶纹和眉纹灰色，侧冠纹黑色，但至前额为橄榄绿色。翼具两道不明显的黄色翼斑，有些个体几乎无翼斑。尾暗褐色而具橄榄绿色羽缘，外侧第一枚和第二枚尾羽具白色端斑，第二枚尾羽白色端斑较小。脚黄褐色。

生活习性　栖息于山地阔叶林和竹林、灌丛中，以昆虫为食。叫声单调尖锐而较短促，鸣唱声变化较多。

分布居留　近年来的新记录种，偶见于泰山山区，推测为夏候鸟。

保护状况　IUCN:LC；国家保护的有重要生态、科学、社会价值的陆生野生动物名录。

过去被认为是金眶鹟莺（*S. burkii*）的一个亚种。

树莺科

Cettiidae

小型鸣禽；体色多为褐色，体形似柳莺类或较为瘦长，习性较为隐蔽，多活动于灌丛中，以昆虫为食，常重复发出单调响亮的鸣声。很多种类外观相似，但叫声差别较大。

远东树莺*

Horornis canturians　Manchurian Bush Warbler

摄影：孙桂玲

形态特征　小型鸣禽，但为较大的莺类，体长17厘米左右。体形较修长，尾较长。上体呈褐色，额棕色，眉纹黄白色，过眼纹黑褐色，喉及胸腹中央近白色，其余下体皮黄白色。脚淡褐色。与其他褐色莺类区别在于身形较长，头顶偏红棕色。

生活习性　栖息于山区和山下的灌草丛、矮树丛中。性隐蔽，多在灌丛和地面觅食昆虫，难以见到，但常闻其声。具特色的典型鸣声为拖长的低颤音“呼——”声，后接一串3～4音节的圆润多变叫声。繁殖期5～7月，营巢于灌丛中，巢由草茎、草叶等编织而成。

分布居留　夏候鸟。见于泰山山区。

保护状况　IUCN:LC；国家保护的有重要生态、科学、社会价值的陆生野生动物。

短翅树莺 日本树莺

Horornis diphone Japanese Bush Warbler

摄影：桑新华

形态特征 较大的莺类，体长14～18厘米。整体似远东树莺而稍短。上体橄榄褐色，下体近白色，两胁和尾下覆羽皮黄色，具皮黄白色眉纹和近黑色过眼纹。与远东树莺的区别在于其整体较少红棕色，与强脚树莺的区别在于其体大且鸣声明显不同。

生活习性 栖息于山区和山下的灌草丛、矮树丛中。习性似远东树莺，一般单独或成对活动，性隐蔽，多在灌丛和地面觅食昆虫。鸣声为拖长的低颤音，后接一串3～4音节的圆润多变叫声，与远东树莺有区别。

分布居留 旅鸟。见于泰山山区。

保护状况 IUCN:LC；国家保护的有重要生态、科学、社会价值的陆生野生动物。

强脚树莺*

Horornis fortipes　Brownish-flanked Bush Warbler

摄影：张艳然

形态特征　体型较小的莺类，体长10～12厘米。上体呈橄榄褐色。眉纹皮黄色，不甚明显；过眼纹黑褐色。两胁和尾下覆羽皮黄色，其余下体近白色，常沾棕灰色。上嘴深褐色，下嘴基部色浅；脚肉棕色。

生活习性　栖息于山区、山麓阔叶林下的灌草丛中，单独或成对活动，性隐蔽，常在灌丛中来回跳动，并不断发出鸣声，却不见其影。主要食物为小型昆虫。典型鸣声为一拉长的哨音，后接2～3音节的清脆响亮的、音调似在问“干啥呢”的叫声。繁殖期4～7月，营巢于灌草丛中或矮树的低枝上，卵为红色。

分布居留　少见的留鸟。见于泰山山区和山脚下。

保护状况　IUCN:LC；国家保护的有重要生态、科学、社会价值的陆生野生动物。

鳞头树莺 *

Urosphena squameiceps Asian Stubtail

摄影：张培栋

摄影：桑新华

形态特征 体型甚小的鸣禽，亦为小型的莺类，体长8～10厘米。嘴尖而细，身形紧凑，脚较长，尾甚短，与其他莺类较易区分。上体褐色，下体白。头顶部羽毛短圆，具深色羽缘，形成鳞片状。眉纹黄白色，过眼纹黑色。脸颊、两胁和尾下覆羽沾皮黄色。脚肉粉色。

生活习性 栖息于山区和山下的林下灌草丛，尤喜密林下近溪水处的灌丛。在地面和近地面活动，灵巧且隐蔽，以小型昆虫为食。春季时常鸣叫，鸣声为连续的似蟋蟀类的虫鸣，音调较高。

分布居留 少见的旅鸟。迁徙季节见于山区至郊区的灌丛。

保护状况 IUCN:LC；国家保护的有重要生态、科学、社会价值的陆生野生动物。

棕脸鹟莺*

Abroscopus albogularis　Rufous-faced Warbler

摄影：孙桂玲

形态特征　小型莺类，体长10厘米左右。嘴尖细，上嘴褐色，下嘴粉黄色。脸和头顶中央黄栗色，头顶两侧具黑色侧冠纹。喉白，密布黑色纵纹。上体和翼上面橄榄绿色，腰黄白色。上胸、两胁和尾下覆羽黄色，其余下体白色。脚灰褐色。

生活习性　栖息于山地及平原的阔叶林和竹林中，也在灌丛活动，以昆虫为食。鸣声为单调悦耳的、较似虫鸣的“铃——、铃——……”声。

分布居留　近年来的新记录种，偶见于泰山山区，推测为留鸟。

保护状况　IUCN:LC；国家保护的有重要生态、科学、社会价值的陆生野生动物。

长尾山雀科

Aegithalidae

体型娇小的鸣禽，嘴较短，身形较为紧凑，尾长；翼较短，身体羽毛较蓬松。主要栖息于林地，性活泼，常结群活动，主要以昆虫为食，也取食植物种子等。营巢于树上或灌丛中。

银喉长尾山雀*

Aegithalos glaucogularis　Silver-throated Bushtit

摄影：孙桂玲

摄影：刘兆瑞

幼鸟/摄影：孙桂玲

形态特征　小型鸣禽，体长约14厘米。头部较圆，身体紧凑，体羽较为蓬松，尾细长且呈凸状。嘴短，较为粗厚，黑色。尾羽由中央至外侧逐渐变短，主要为黑色，外侧3对尾羽外缘白色且端部具白斑。翼主要为黑褐色，较短圆。本区分布的华北亚种头顶有两条宽阔的黑色侧冠纹和近白色的中央冠纹；背灰色；颊、颈侧和腹部及两胁为灰白色，且沾有浅粉棕色。脚黑褐色。幼鸟头部整体呈棕褐色，胸前为淡棕色。

生活习性　主要栖息于山区和平原地区的灌草丛、疏林、果园，村落附近林地、田边灌丛、城市园林、竹林等生境。常成群在灌木和小树上活动，会与红头长尾山雀混群活动，性活泼，不甚畏人。善鸣叫，鸣声多变，常发出短促的颤音。杂食性，既吃动物性食物，也吃植物性食物。繁殖季节几乎全以昆虫为食。繁殖期3～6月，有合作繁殖现象。营巢于树木枝杈间，巢为椭圆状，由植物纤维、苔藓、蛛网等构成。

分布居留　中国鸟类特有种。留鸟。见于泰山山区至城郊。

保护状况　IUCN:LC；国家保护的有重要生态、科学、社会价值的陆生野生动物。

红头长尾山雀 *

Aegithalos concinnus Black-throated Bushtit

摄影：孙桂玲

摄影：刘华东

形态特征 小型的长尾山雀，体长9.5～11厘米。体形似银喉长尾山雀但更为娇小。嘴黑色，眼黄色。额、头顶至后颈栗红色，具宽阔的黑色过眼纹。背、腰暗蓝灰色，飞羽黑褐色而具暗蓝灰色羽缘。颏及喉白色，喉中央有一兜状的黑色块斑；喉下具栗色胸带，延至两肋；下胸至腹部白色。尾主要为蓝灰色，外侧尾羽外缘白色。幼鸟头顶色浅，喉白且具黑色细纹。

生活习性 主要栖息于山地森林或灌木林中，也会出没于山下的果园或城市园林中。性活泼，喜成群活动，会与银喉长尾山雀混群活动。常在树林间来回飞翔、跳跃觅食，边飞边发出较为尖细的鸣声。主要以昆虫为食。繁殖期3～6月，有合作繁殖现象，巢由苔藓、植物纤维、蛛网、羽毛等构成。

分布居留 留鸟。见于泰山一带。此种本分布于南方，近年来在本区发现，由于是野鸟贸易上较常出现的种类，故其最初来源有可能为放生、逃逸和自然扩散兼有。

保护状况 IUCN:LC；国家保护的有重要生态、科学、社会价值的陆生野生动物。

莺鹛科

Sylviidae

小型鸣禽，身形较紧凑，翼短而较圆，尾长。主要栖息于灌草丛、苇丛中，较活泼，常结群活动，主要食物为昆虫，也吃一些植物性食物。山鹛嘴尖细，鸦雀类嘴短而厚且上嘴下弯。

山　鹛*

Rhopophilus pekinensis　　Chinese Hill Babbler

摄影：张艳然

形态特征　体型较小但尾长的鸣禽，体长17厘米左右。嘴尖而细，上嘴和下嘴尖灰色，下嘴基部粉黄色。眼淡黄褐色。上体主要呈灰褐色，头顶及背部具黑褐色的纵纹。头部具不甚明显的皮黄色眉纹，过眼纹褐色，髭纹黑褐色。喉至上胸白色，甚为明显，其余下体亦主要为白色，两肋布满粗且显著的棕红色纵纹。尾灰褐色，外侧尾羽端部灰白色。脚褐色。

生活习性　栖息于山区的疏林、矮树林和灌草丛中。性活泼，常在隐蔽处来回飞行，或在地面、灌丛的树枝间跳动，主要食物为昆虫，冬季也吃一些植物性食物。繁殖期5～7月，此时常鸣叫，鸣唱声多变。营巢于灌木或矮树的枝杈上。

分布居留　留鸟。见于泰山山区。

保护状况　IUCN:LC；国家保护的有重要生态、科学、社会价值的陆生野生动物。

棕头鸦雀　小老鼠　金丝猴

Sinosuthora webbiana　Vinous-throated Parrotbill

摄影：刘兆瑞

摄影：石国祥

摄影：彭国胜

形态特征　小型鸟类，体长11～13厘米。头部圆钝，身体紧凑，尾长。嘴甚短，钝且厚，灰褐色，嘴尖色浅。整体呈棕褐色。头顶及两翼棕色，背、肩、腰至尾灰褐色。喉、胸淡粉红棕色且微具细的暗棕色纵纹，腹中部淡棕色，两胁和尾下覆羽淡灰褐色。脚灰褐色。

生活习性　栖息于山区和平原的林下灌丛、灌草丛、苇丛、矮树林中，也会去具灌丛的城市园林和竹林。常成小群活动，秋冬季节有时会集大群。性活泼而大胆，常在灌木、芦苇或小树枝叶间攀缘跳跃，一般做短距离飞行，常一边飞、跳一边发出叫声。叫声为吵嚷的“喳喳”声，或甚有特点的、似吹口哨的四音节一组的“啾、啾、啾、啾”声。食性较杂，既取食植物果实与种子，也吃昆虫、蜘蛛等。繁殖期4～8月，营巢于灌丛、竹丛或小树上，巢呈杯状，用草茎、草叶等植物纤维编织而成，有时混合苔藓、蜘蛛网，甚为精巧。卵蓝色或淡蓝色。

分布居留　常见留鸟。分布广，自泰山高山带至城郊皆有分布。

保护状况　IUCN:LC；国家保护的有重要生态、科学、社会价值的陆生野生动物。

震旦鸦雀 *

Paradoxornis heudei Reed Parrotbill

摄影：孙桂玲

摄影：孙桂玲

形态特征 中等体型的鸦雀，体长15～18厘米。嘴黄色，甚为粗厚，先端具钩，似鹦鹉的嘴。头部淡灰色，具狭窄的白色眼圈，黑色眉纹长而宽阔，自眼上方一直延伸至颈侧，甚为显著。上背棕褐色，有时带黑色纵纹；下背黄褐色。颏、喉及腹中心近白色，两胁黄褐色，其余下体深棕黄色。翼上覆羽棕栗色，飞羽主要为褐色或黑褐色。中央尾羽沙褐色，外侧尾羽黑色而具白色端斑，最外侧尾羽白斑可占到尾长一半。脚粉黄色。

生活习性 主要栖息于河流、湖泊、沼泽等湿地的芦苇丛中，常成小群活动。性活泼，常在芦苇间攀缘跳跃或短距离飞翔，会边飞边叫，鸣声较为细柔悦耳。主要以昆虫为食，会用嘴咬开芦苇茎秆取食其中的昆虫幼虫，也吃蜘蛛等其他小型无脊椎动物。繁殖期5～8月，营巢于芦苇之间，巢为杯状，编织精巧。

分布居留 留鸟。在汶河流域有分布。

保护状况 IUCN:NT；国家保护的有重要生态、科学、社会价值的陆生野生动物。

绣眼鸟科

Zosteropidae

小型鸣禽，嘴尖细，常具有浅色眼圈，尾较平。栖息于林地或灌丛，常结群活动，性活泼，以昆虫和浆果等为食，营巢于树木或灌木上。绣眼鸟类体型娇小，上体体色多为绿色，多具有显著的白色眼圈。

暗绿绣眼鸟 暗绿绣眼 粉眼 绣眼

Zosterops japonicus Japanese White-eye

摄影：张培栋

摄影：孙桂玲

形态特征 小型鸣禽，体长9～11厘米。上体绿色，眼周围具明显的白色眼圈，喉黄色，胸和腹白色，两胁沾淡灰色，尾下覆羽黄色。眼褐色，嘴和脚灰色。

生活习性 主要栖息于阔叶林、混交林、竹林等阔叶树种为优势种的林地。在迁徙季节常结群活动，飞行或活动时常发出轻柔悦耳的鸣声。性活泼，常在树枝间跳动。夏季主要食物为昆虫，其他季节以浆果等植物性食物居多。繁殖期4～7月，营巢于树上或灌丛，呈篮状，编织精巧。

分布居留 夏候鸟或旅鸟。夏季于泰山有繁殖，春秋季节大量迁徙经过泰山山区、城区至城郊的广大区域。

保护状况 IUCN:LC；国家保护的有重要生态、科学、社会价值的陆生野生动物；山东省重点保护野生动物。

红胁绣眼鸟　红胁绣眼　紫胁

Zosterops erythropleurus　Chestnut-flanked White-eye

摄影：孙桂玲

摄影：孙桂玲

形态特征　小型鸣禽，体长10～12厘米。上体黄绿色，具有明显的白色眼圈，眼先和眼下方具一条黑色细纹。喉和尾下覆羽黄色，上胸浅灰色。两胁具栗红色斑，雌鸟较雄鸟色浅。其余下体白色。眼红褐色，嘴和脚灰色。

生活习性　主要栖息于低山和山脚的阔叶林中，偏爱近水的矮树林。迁徙时常结群活动，会与暗绿绣眼鸟结群。性活泼，常在树枝间来回跳跃，捕食昆虫或者取食浆果。活动时常发出轻柔的叫声。

分布居留　旅鸟。春秋季节迁徙经过泰山山区、城区至城郊的广大区域。

保护状况　IUCN:LC；国家保护的有重要生态、科学、社会价值的陆生野生动物。

噪鹛科

Leiothrichidae

体型变化较大的鸣禽类，嘴一般尖而较长，脚较强健。多栖于林地，常集群活动，在林下或灌丛的地面上翻找食物，食性杂，取食昆虫以及植物果实、种子等。较吵嚷，雄鸟善鸣唱。通常营巢于灌丛中。

画　眉*

Garrulax canorus　Hwamei

摄影：刘国强

摄影：刘国强

形态特征　较小的噪鹛，体长21～24厘米。整体呈褐色，下体色彩偏黄，眼周白色，具向后延伸的白眉纹，特征甚为鲜明。嘴和脚均为粉黄色。

生活习性　主要栖息于低山和山麓的阔叶林、矮树林、林缘和灌丛中。单独、成对或成小群活动，性活泼，常在地面翻找食物，主要以昆虫为食，也吃浆果和草籽。雄鸟善于鸣唱，鸣唱声悦耳婉转而响亮；雌鸟的叫声为拖长而沙哑的哨声。繁殖期4～7月，营巢于灌木上。

分布居留　留鸟。见于泰山的低山带。此种为近年来的新记录，原分布于南方，由于是野鸟贸易上甚常见的种类，故该种最初来源应为逃逸或放生。

保护状况　IUCN:LC；国家保护的有重要生态、科学、社会价值的陆生野生动物。

黑脸噪鹛* 土画眉

Garrulax perspicillatus Masked Laughingthrush

摄影：孙桂玲

形态特征 较大的噪鹛，体长30厘米左右。尾较长。整体主要呈褐色，额至脸部为黑色，形成黑色“眼罩”。尾下覆羽棕黄色。嘴黑色，脚棕褐色。

生活习性 主要栖息于山区和山麓的阔叶林、混交林和灌丛中。喜结群活动，性活泼吵嚷，集群时常发出“biu、biu”的响亮叫声以及嘈杂的叫声。常在树上和地面活动，会在地面翻开落叶找食物。杂食，主要吃昆虫，也吃植物种子、果实等。繁殖期4～7月，营巢于灌木或树上，巢为杯状，由细枝、植物纤维甚至纸片等编织而成。

分布居留 留鸟。仅见于泰山的低山带，数量不多，此种为近年来的新记录，尽管山东曾有个别记录，由于是野鸟贸易上会出现的种类，且在本区分布局限，故该种来源除自然扩散外，还可能为逃逸或放生。

保护状况 IUCN:LC；国家保护的有重要生态、科学、社会价值的陆生野生动物。

黑领噪鹛 *

Garrulax pectoralis　Greater Necklaced Laughingthrush

摄影：孙桂玲

摄影：刘冰

形态特征　大型鸣禽，体长30厘米左右。尾较长。头顶和上体褐色，眼先和眉纹白色，脸部具黑白相间的纵纹。颈侧至胸前具显著的黑色宽带，形成一半领环，其后方的颈背向下至两胁皆为棕黄色，其余下体白色。尾褐色，外侧尾羽具黑色次端斑和白色端斑。嘴深灰色。脚灰褐色。

生活习性　主要栖息于山区和山麓的阔叶林、混交林、林缘和灌丛中。喜结群活动，性活泼吵嚷。常在树上和地面活动，会在地面翻开落叶找食物。杂食，夏季主要吃昆虫，冬季常会吃栎树的果实。繁殖期4～7月，营巢于灌丛或矮树上，巢由细枝、草叶等编织而成。卵为蓝色。

分布居留　较常见的留鸟。见于泰山的中山带和低山带。此种为近年来的新记录，原分布于南方，近年来山东西南部山区亦有发现，由于是野鸟贸易上会出现的种类，故该种来源除自然扩散外，还可能为逃逸或放生。

保护状况　IUCN:LC；国家保护的有重要生态、科学、社会价值的陆生野生动物。

橙翅噪鹛 *

Trochalopteron elliotii　　Elliot's Laughingthrush

摄影：刘国强

摄影：刘国强

形态特征　中等体型的噪鹛，体长22～26厘米。整体主要呈灰褐色，眼先近黑色，喉至胸偏棕色，下腹和尾下覆羽棕红色。初级飞羽基部的羽缘偏黄、羽端蓝灰，形成翼收拢时上面的大片橙色与其外缘的灰蓝色。尾羽端部白色，中央尾羽灰黄色，外侧尾羽内缘灰色而外缘偏黄。眼黄白色，嘴黑色；脚棕褐色。

生活习性　栖息于山区海拔1500米以上的林地、林缘、灌丛、草地上。性活泼，常结群活动，在灌丛中或地面上取食昆虫，也会吃浆果和种子。喜鸣叫，叫声响亮多变。繁殖期4～7月，营巢于灌丛中。

分布居留　中国鸟类特有种。留鸟。见于泰山山顶。此种为近年来的新记录，原分布于与本区相去较远的华中、华南一带，且是野鸟贸易中的种类，故该种最初来源应为逃逸或放生。

保护状况　IUCN:LC；国家保护的有重要生态、科学、社会价值的陆生野生动物。

鹪鹩科

Troglodytidae

小型鸣禽，嘴尖细，身形紧凑，翼短而圆，尾较短而常向上翘。栖息于山区林地和灌丛，偏爱近水的环境，性活泼且较隐蔽，不喜集群，常在灌丛或乱石堆间跳动，以昆虫为主要食物。营巢于小型洞穴、岩石缝隙中。

鹪 鹩 诓傻孩子

Troglodytes troglodytes Eurasian Wren

摄影：刘国强

摄影：刘国强

形态特征 体型甚小的鸣禽，体长9～11厘米。嘴长直而尖细，先端稍曲，尾短小而上翘，常与身体垂直。全身体羽栗褐或暗棕褐色，满布黑色细纹；具模糊的灰白或皮黄色眉纹；翼有深色波形斑纹；腰和尾上覆羽棕红色且具较粗的黑色横斑；腹部颜色稍浅并杂以黑色横斑。

生活习性 栖息于山地和山下的灌丛、林地或多石的水边，一般单独活动，性活跃而胆怯，善于藏匿，常在石堆、岩缝、灌木丛、倒木或落叶之间中迅速移动，人若接近会藏于缝隙中，故有“诓傻孩子”的俗名。主要以昆虫为食。叫声为单音节的、似叩击石块的“它、它”声，有时也站在距地1～2米高的树枝或倒木上鸣唱，鸣唱时两翅微张，仰头翘尾，并发出连续急促的清脆叫声。繁殖期4～7月，多在近水的阴暗石缝、墙洞或树洞中营巢。

分布居留 留鸟。在泰山山区常见，冬季偶尔到山下活动。

保护状况 IUCN:LC；国家保护的有重要生态、科学、社会价值的陆生野生动物。

椋鸟科

Sturnidae

中等体型的鸣禽，飞行时翼常呈近三角形；嘴直且尖，尾短。多栖息于草地或林地，常结群活动，叫声嘈杂。一般在地面行走觅食，杂食性，主要食物为植物果实、种子以及昆虫。营巢于树洞或墙洞中。

八　哥*

Acridotheres cristatellus　　Crested Myna

摄影：刘兆瑞

亚成鸟/摄影：彭国胜

形态特征　中型鸣禽，体长23～28厘米。眼金黄色，嘴黄白色。鼻部上方有一簇羽冠。整体主要呈黑色，初级飞羽基部白色，形成白斑，飞行时明显。尾羽末端白色，尾下覆羽黑白相杂。脚黄色。

生活习性　栖息于低山至平原地带的林地以及农田或建筑区附近的树上，适应性较强。常集群活动，性活泼，会在草地、农田上行走觅食，食性较杂，主要食物为昆虫，也吃草籽、浆果等植物性食物。喜鸣叫，鸣唱声响亮多变，会模仿其他鸟的叫声。繁殖期4～8月，营巢于树洞或墙洞中。

分布居留　留鸟。见于泰山山下、城区园林和城郊。此种本在南方分布，20世纪80年代未有记录，近十年来才记录到，由于是野鸟贸易上甚为常见的种类，故此种最初来源可能为逃逸、放生与自然扩散兼有。

保护状况　IUCN:LC；国家保护的有重要生态、科学、社会价值的陆生野生动物。

灰椋鸟　马谷油子

Spodiopsar cineraceus　White-cheeked Starling

摄影：刘国强

摄影：孙桂玲

形态特征　中等体型的椋鸟，体长24厘米左右。飞行时翼展开呈三角形。整体羽色呈灰色。嘴黄而端部黑色。头、颈大部分为黑色，额和脸部为斑驳的白色，喉部黑白相杂。背、腰、肩为褐灰色，飞羽黑褐色，初级飞羽外缘具狭窄的灰白色羽缘。尾上覆羽白色；中央尾羽灰褐色，其余尾羽黑褐色，尾羽末端为白色。上胸暗灰色，下胸至腹部淡灰褐色，腹中央和尾下覆羽白色。脚橙黄色。幼鸟头、颈色浅。

生活习性　栖息于阔叶林地、疏林、城市园林、林缘、农田等生境。喜结群活动，冬季常结成大群，夜宿之前在空中群飞，会成群停栖于电线上休息。常在草地、农田地面上行走觅食，春夏季主要食物为昆虫，秋冬季节主要以草籽和浆果为食。叫声尖锐单调，有时似窗框摩擦的声音。繁殖期5～7月，营巢于树洞、墙洞中，也会利用人工巢箱。

分布居留　一年四季可见，既有繁殖鸟，亦有冬候鸟。见于泰山山脚至城郊、汶河流域。

保护状况　IUCN:LC；国家保护的有重要生态、科学、社会价值的陆生野生动物。

丝光椋鸟*

Spodiopsar sericeus　Silky Starling

雌/摄影：刘兆瑞

雌/摄影：刘华东

雄/摄影：刘华东

形态特征　中等体型的椋鸟，体长24厘米左右。嘴红色，尖端黑色。雄鸟头、颈羽毛呈矛状，白色，略沾灰色或皮黄色，其余上体主要为灰色，自颈下至尾上覆羽逐渐变浅。飞羽和尾羽黑色而具蓝绿色金属光泽，初级飞羽基部具白色斑，飞行时明显。胸和两胁灰色，其余下体白色。脚橘黄色。雌鸟头部为浅灰褐色，背和胸较雄鸟偏褐色。

生活习性　栖息于山脚和平原的林缘、疏林、次生林、人工园林等生境。常成小群活动，栖于树上但多在地面上觅食，主要食物为昆虫，也吃一些种子、果实。繁殖期5～7月，营巢于树洞、墙洞中。

分布居留　留鸟。见于泰山山脚至城郊、汶河流域。此种本在南方分布，20世纪80年代末有记录，近十年来才记录到，由于是野鸟贸易上甚为常见的种类，故此种最初来源可能为逃逸、放生和自然扩散兼有。

保护状况　IUCN:LC；国家保护的有重要生态、科学、社会价值的陆生野生动物。

北棕鸟 *

Agropsar sturninus　Daurian Starling

左雌右雄/摄影：孙桂玲

形态特征　体型较小的椋鸟，体长18厘米左右。嘴黑褐色。雄鸟头至上背灰色，枕部具黑紫色斑块。下背、腰及翼上覆羽黑色而具紫色光泽。尾上覆羽棕白色。翼上具两道棕白色的横斑，初级飞羽黑褐色，其余飞羽黑色而具紫绿色光泽，各飞羽多具棕白色侧缘。下体灰白色，尾下覆羽棕白色。脚褐色。雌鸟似雄鸟但枕部无斑，上体较偏褐色，黑色的羽毛较少光泽。

生活习性　栖息于低山和平原地带的阔叶林、林缘、农田、疏林等生境，偏好农田、草地附近的林地，迁徙季节常结群活动。在树上和地上觅食，主要食物为昆虫，也吃一些果实和种子。

分布居留　少见的旅鸟。见于城郊、汶河流域。

保护状况　IUCN:LC；国家保护的有重要生态、科学、社会价值的陆生野生动物。

紫翅椋鸟 *

Sturnus vulgaris　Common Starling

摄影：刘冰

形态特征　中等体型的椋鸟，体长20～24厘米。嘴黄色。整体羽色为具有紫绿色光泽的黑色，满布皮黄白色斑点，飞羽和尾羽具皮黄白色羽缘。脚红褐色。幼鸟嘴和脚黑色，整体以褐色为主。

生活习性　栖息于山麓及平原地带的林缘、疏林、具有少量树木的草地、农田等开阔生境。喜结群活动，迁徙季节会结大群活动，也会与其他椋鸟混群。常在灌丛、草地、农地上行走觅食，主要食物为昆虫，也吃果实和种子。

分布居留　少见的旅鸟。见于城郊、汶河流域。

保护状况　IUCN:LC；国家保护的有重要生态、科学、社会价值的陆生野生动物。

鸫科

Turdidae

中型鸣禽，嘴尖，脚较长，尾较平，一些种类雄鸟较雌鸟鲜艳。主要栖息于林地、灌丛等生境，多在地面上行走觅食，取食昆虫和植物种子等。雄鸟善鸣唱。

橙头地鸫*

Geokichla citrina Orange-headed Thrush

雄/摄影：桑新华

雌/摄影：张培栋

形态特征 体型中等偏小的鸫类，体长18～22厘米。身体较紧凑，尾较短。雄鸟头、颈、胸、腹均为橙色，颊及喉色浅，眼下及耳羽区各有一道黑色条状斑块；翼、腰及尾蓝灰色，翼角具白色翅斑。雌鸟与雄鸟相似，但背、翼、腰及尾为灰褐色。嘴黑色，脚肉粉色。

生活习性 栖息于低山丘陵或山脚的林地、竹林、灌丛中，尤其偏爱茂密的常绿阔叶林，常单独或成对活动，喜躲藏于林下灌木中，在地上觅食，主要食物为昆虫，偶尔吃植物果实和种子。

分布居留 少见的旅鸟。见于泰山山区。

保护状况 IUCN:LC；国家保护的有重要生态、科学、社会价值的陆生野生动物。

白眉地鸫 *

Geokichla sibirica　Siberian Thrush

雄/摄影：张培栋

摄影：张培栋

形态特征　中等体型的鸫类，体长21～24厘米。雌雄色彩差异显著。成年雄鸟整体呈暗蓝灰色，具显著的白色眉纹，腹中部白色，尾下覆羽杂有白色，外侧尾羽端部白色，飞行时翼下具白色斑。未成年雄鸟眉纹沾皮黄色，喉中部为斑驳的白色，两侧色深，外侧具皮黄色的髭纹，两胁较斑驳。成年雌鸟上体主要为褐色，具皮黄色眉纹，头侧和喉部斑驳，下体皮黄色羽毛的末端部深褐色，形成鳞状斑，腹至尾下覆羽近白色，外侧尾羽端部白色。嘴黑色，脚黄色。

生活习性　栖息于多灌丛的林地，一般单独或成对活动，性隐蔽，常隐藏在树上或灌丛中，多在地面觅食，主要食物为昆虫，也吃一些浆果和草籽。

分布居留　甚少见的旅鸟。迁徙季节经过城郊。

保护状况　IUCN:LC；国家保护的有重要生态、科学、社会价值的陆生野生动物。

虎斑地鸫 怀氏虎鸫 虎斑山鸫

Zoothera aurea White's Thrush

摄影：刘国强

摄影：刘冰

形态特征 体大的鸫类，体长29～30厘米。上体金褐色，下体羽色较浅，周身遍布黑色鳞片状斑纹。颏、喉白色，上有细小斑点。喉至腹白色而具黑色鳞状斑纹，下腹中部无斑纹。翼具深棕色和白色羽缘。嘴灰色，脚肉粉色。

生活习性 栖息于阔叶林或混交林等林地、林缘和灌丛中。地栖性，性隐蔽而胆怯，常单独或成对活动，喜在林下灌丛或地上觅食，多贴近林下飞行，飞行距离不长且呈直线，起飞时常发出单声鸣叫。在地面行走觅食，常低头奔走一段之后停下直立，似其他鸫类。主要食物为昆虫及无脊椎动物，也食植物果实、种子及嫩叶等。迁徙会在夜间进行。繁殖期5～8月，营巢于林地中距地面不高的树上。

分布居留 见于泰山低山至城郊。多为旅鸟，少数为夏候鸟，可能有个别为留鸟。

保护状况 IUCN:LC；国家保护的有重要生态、科学、社会价值的陆生野生动物。

灰背鸫

Turdus hortulorum　Grey-backed Thrush

雌/摄影：张培栋

雄/摄影：张培栋

雄/摄影：朱迺超

雌/摄影：桑新华

形态特征　体型中等偏小的鸫，体长21～24厘米。雄鸟嘴黄色，上体深灰色，具黄色眼圈，头部缀有棕黄色，颏、喉灰白色，胸浅灰色。两肋及翼下覆羽橙红色，腹部中央和尾下覆羽白色。雌鸟整体似雄鸟但上体灰褐色，嘴深灰褐色，颏、喉浅棕黄色，两侧具黑色长条形或三角形斑；胸淡黄色，具黑褐色斑点。

生活习性　栖息于低山、山麓的林地、林缘，常单独或成对活动，迁徙时也会结小群或与其他鸫混群。主要在地面觅食，常在地上跳跃行走，性机警。主要食物为昆虫和其他无脊椎动物，也吃植物果实及种子。

分布居留　较少见的旅鸟。见于泰山低山山区。

保护状况　IUCN:LC；国家保护的有重要生态、科学、社会价值的陆生野生动物。

乌　鸫　百舌鸟

Turdus mandarinus　Chinese Blackbird

摄影：刘国强

肉桂色变异个体/摄影：孙桂玲

亚成鸟/摄影：张艳然

形态特征　体型中等偏大的鸫，体长25～29厘米。雄鸟全身黑色，嘴和眼圈橙黄色，脚黑色。雌鸟黑褐色，下体颜色较淡，有不明显纵纹。幼鸟棕黑色，喉至腹部有大量白色斑点，嘴黑色而嘴角淡黄色。

生活习性　栖息于山区和平原的各种林地，偏好林缘、农田附近林地、城区园林、果园等受一定程度人为干扰的林地。单独或成小群活动。雄鸟常立于枝头鸣唱，叫声多变婉转，善于模仿多种鸟鸣，甚至模仿各种人工的报警器声音。常在地面翻找蚯蚓等无脊椎动物，也会取食植物种子、果实等。在地面察觉危险时常低头伏身快走，后再起身观察。繁殖期3～8月，在本区有时一年可繁殖三巢，巢为碗状，由草茎、细枝混合泥土组成，常筑于大树主干粗枝分杈处或建筑物的遮蔽处，甚至会在花盆里筑巢。卵淡灰蓝色，有不规则褐色斑点。

分布居留　中国鸟类特有种。常见林鸟，多为留鸟，一些个体为旅鸟。泰山低山、城区园林、汶河流域的林地均有分布。

保护状况　IUCN:LC；国家保护的有重要生态、科学、社会价值的陆生野生动物。

褐头鸫 *

Turdus feae　Grey-sided Thrush

摄影：高宏颖

形态特征　中等体型的鸫，体长22～25厘米。雄鸟头、后颈、背、翼、腰及尾为褐色；具白色眉纹，眼先深褐色，眼眶上下为白色，眼下具一白斑；喉中央近白色，喉侧及胸、两胁灰色，腹中部近白色。翼末端具黑色边缘。雌鸟似雄鸟但羽色偏暗，颏、喉白色且具少量褐色斑点。嘴呈黑褐色，下嘴基部黄色；脚棕黄色。与白眉鸫主要区别在于胸和两胁为灰色而非棕黄色。

生活习性　主要栖息于山区海拔1400米以上的针阔混交林中，尤其是近水的灌丛、树丛中。一般单独或成对活动，常在树木、灌丛之间上下飞行，飞行距离短且迅速。主要食物为昆虫，也会取食一些植物果实、种子。繁殖期5～7月，此时雄鸟常站于枝头鸣唱。营巢于山林中的阔叶树树枝上，巢由枯草等植物纤维混合泥土构成，为碗状。

分布居留　少见的夏候鸟。仅见于泰山山顶。此种仅在我国华北地区繁殖，数量较为稀少。

保护状况　IUCN:VU；国家保护的有重要生态、科学、社会价值的陆生野生动物。

白眉鸫*

Turdus obscurus　　Eyebrowed Thrush

雌/摄影：张培栋

雄/摄影：孙桂玲

形态特征　中等体型的鸫，体长19～23厘米。雄鸟头、颈灰褐色，具长而明显的白色眉纹，眼下具白斑；上体褐色，胸及两胁橘黄色，腹部及尾下覆羽白色。雌鸟较雄鸟羽色整体偏暗，头和上体橄榄褐色，喉部白色而具褐色条纹。

生活习性　栖息于林地、疏林和林缘中。常单独活动，迁徙期间会结小群。一般在林下灌木或地上觅食，性胆怯。主要食物为昆虫，也会取食植物果实和种子。

分布居留　少见的旅鸟。见于泰山山区和山下的林地。

保护状况　IUCN:LC；国家保护的有重要生态、科学、社会价值的陆生野生动物。

白腹鸫

Turdus pallidus　Pale Thrush

摄影：张培栋

雄/摄影：桑新华

雄/摄影：张培栋

形态特征　中等体型的鸫，体长22～25厘米。雄鸟头灰褐色，背、肩、腰以及翼上面的内侧褐色，初级飞羽和初级覆羽灰褐色而具灰色外缘；胸和两肋棕褐色，腹部偏白；尾羽灰褐色，外侧两枚尾羽具白色端。雌鸟较雄鸟头部偏褐色，喉白，初级飞羽及尾羽为棕褐色。

生活习性　栖息于低山和平原的林地、林缘中，常在灌木或地上觅食活动。主要食物为昆虫，也会取食植物果实和种子。

分布居留　少见旅鸟。见于泰山山区和山下林地。

保护状况　IUCN:LC；国家保护的有重要生态、科学、社会价值的陆生野生动物。

赤颈鸫

Turdus ruficollis　Red-throated Thrush

雌/摄影：刘兆瑞

雄/摄影：孙桂玲

摄影：彭国胜

形态特征　中等体型的鸫，体长22～25厘米。雄鸟头、颈、背均为灰褐色；具有较窄的锈红色眉纹；翼褐灰色，飞羽具浅色羽缘，翼下覆羽橙红色；喉、胸为锈红色，腹部白色，具细小斑纹；中央尾羽深灰色，外侧尾羽锈红色。雌鸟整体较雄鸟少红色，眉纹较雄鸟偏白，颏、喉白色并具有黑色斑点，胸部棕褐色且具有斑点。上嘴和下嘴嘴尖近黑色，下嘴基部黄色；脚灰褐色。

生活习性　栖息于山区、丘陵的森林、平原的林地、疏林、林缘、果园、城市园林中，越冬和迁徙时常成群活动，常与红尾斑鸫、斑鸫混群。喜在林下灌丛或地上觅食，遇到惊扰迅速飞到树上，飞行距离短且迅速。春夏季主要食物为昆虫及其他无脊椎动物，冬季时多取食植物种子和果实。

分布居留　冬候鸟或旅鸟。见于泰山山顶至城郊。

保护状况　IUCN:LC；国家保护的有重要生态、科学、社会价值的陆生野生动物。

红尾斑鸫　红尾鸫

Turdus naumanni　Naumann's Thrush

摄影：刘兆瑞

摄影：刘兆瑞

摄影：张艳然

形态特征　中等体型的鸫，体长24～26厘米。雄鸟头至背为灰褐色，具有近白色而略沾红褐色的眉纹；颏、喉浅棕色，具深色颊纹；胸及两胁具有较多锈红色鱼鳞形斑点；腹部白色，具红褐色斑点；翼褐色，羽缘浅棕红色，翼下覆羽橙红色；腰及尾上覆羽常为红棕色；尾基部和外侧红棕色。雌鸟与雄鸟相似但整体颜色偏暗，红色较淡，喉和上胸多黑斑。

该种与赤颈鸫的杂交个体雄鸟眉纹、喉、胸皆为棕红色，腹多棕红色斑。与斑鸫杂交个体腹部红棕色斑与黑斑相掺杂，兼有两种的特征。

生活习性　栖息于山区和平原的林地、林缘、疏林、果园、城市园林中，迁徙和越冬时常成群活动，常与斑鸫、赤颈鸫混群，一般在地上觅食，喜边跳跃边觅食、鸣叫。春夏季主要食物为昆虫，冬季常吃植物种子和果实。

分布居留　较常见的冬候鸟或旅鸟。见于泰山山顶至城郊、汶河流域的林地。

保护状况　IUCN:LC；国家保护的有重要生态、科学、社会价值的陆生野生动物。

过去认为是斑鸫*T. naumanni*的指名亚种。

斑 鸫 乌斑鸫 穿草鸡

Turdus eunomus Dusky Thrush

摄影：刘冰

摄影：孙桂玲

形态特征 中等体型的鸫，体形同红尾斑鸫。雄鸟头部和上体主要为黑褐色，具明显的白色眉纹、白色颚纹，颊纹黑色，喉白；腹白，胸和两胁布满黑色粗点斑，胸前的黑斑常形成两道黑色胸带。翼和尾黑褐色，翼上覆羽及次级飞羽具有宽阔的橙色外边缘，翼下覆羽橙红色，尾基带有棕色。雌鸟似雄鸟而较为暗淡，胸的点斑较小。

生活习性 栖息于山区和平原的林地、林缘、疏林、果园、城市园林中，迁徙和越冬时常结小群，常与赤颈鸫、红尾斑鸫混群活动。一般在地上活动和觅食，休息时停栖于树枝上。以昆虫等无脊椎动物以及浆果、种子等为食。

分布居留 冬候鸟或旅鸟。见于泰山山区至城郊、汶河流域。

保护状况 IUCN:LC；国家保护的有重要生态、科学、社会价值的陆生野生动物。

宝兴歌鸫 *

Turdus mupinensis　Chinese Thrush

摄影：张培栋

摄影：张培栋

形态特征　中等体型的鸫，体长21～25厘米。雄鸟上体橄榄褐色，眼圈白色，具棕白色眉纹，眼下具一不甚明显的黑色纵斑；耳羽皮黄色，其后具黑色块斑。翼和尾羽灰黄褐色，翼上具两道白色翼斑。胸及腹白色，具明显黑色圆块状斑点。上嘴和下嘴端黑色，下嘴基部黄色；脚粉黄色。雌鸟和雄鸟羽色相似，但较暗而少光泽。

生活习性　栖息于中、低山的林地中，偏爱河流附近潮湿的混交林。常单独或成对活动，较隐蔽，多在林下灌木或地上寻食，亦会立于枝头鸣唱，叫声较为婉转。主要食物为昆虫，尤喜食鳞翅目幼虫，也会吃浆果等植物性食物。

分布居留　中国鸟类特有种。较少见的旅鸟。见于泰山低山带。

保护状况　IUCN:LC；国家保护的有重要生态、科学、社会价值的陆生野生动物。

鹟科

Muscicapidae

体型多较小的鸣禽类，嘴尖，多数种类主要以昆虫为食。歌鸲类脚长，较隐蔽，多活动于灌丛，在地面行走觅食，雄鸟色彩较鲜艳而雌鸟暗淡；水鸲类身形紧凑，活动于水边，常站在岩石上飞起捕虫；红尾鸲类尾多棕红色，雄鸟色彩鲜艳，活动于灌丛中或树上；紫啸鸫体型较大，体形似鸫类；鹏类脚为黑色，多活动于开阔地；鹟类嘴基部宽扁，嘴角具嘴须，翼较尖长，尾较短，脚短，栖息于林地或灌丛，常自栖处飞出捕虫又飞回。

红尾歌鸲 *

Larvivora sibilans　Rufous-tailed Robin

摄影：张培栋

摄影：张培栋

形态特征　体型较小的鸣禽，亦为体型较小的鸲类，体长13～15厘米。嘴尖细，尾较短，腿较长。上体呈褐色，具黄白色眼圈，眼先色浅。下体近白色，颏、喉、胸及两胁具有褐色水鳞状纹。尾羽红棕色，区别于其他歌鸲类。雌鸟与雄鸟相似，但整体偏暗，下体水鳞状纹较少。嘴黑色，脚肉粉色。

生活习性　栖息于山区或平原的林地、林缘中，偏好具茂盛灌丛的疏林。常单独或成对活动，善隐藏，常在林下或灌丛间奔跑、行走或跳跃，并常举起或抖动尾部。鸣声清脆婉转。主要食物为昆虫，尤喜食鞘翅目、鳞翅目等昆虫。迁徙常在夜间进行，似其他歌鸲类。

分布居留　少见旅鸟。春季和秋季可见于泰山低山或山脚。

保护状况　IUCN:LC；国家保护的有重要生态、科学、社会价值的陆生野生动物。

蓝歌鸲 蓝尾巴根子

Larvivora cyane Siberian Blue Robin

雄/摄影：张培栋

雄（亚成鸟）/摄影：张培栋

形态特征 体型较小的鸲类，体长12～14厘米。雄鸟上体、翼和尾深蓝色，眼先、头侧及颊黑色，沿颈部形成一条黑纹延伸至胸侧，下体白色。雌鸟上体黄褐色，具黄白色眼圈，颏、喉黄白色，胸部淡黄色且具不明显的鳞状纹，腹部白色，腰及尾上覆羽沾有蓝色，似红尾歌鸲雌鸟而腰、尾色彩不同。雄鸟的亚成鸟飞羽褐色。

生活习性 栖息于山区或平原的林地、灌丛中。常单独或成对活动于林下灌丛中，善隐藏，多在地上行走或跳动，行走时尾部会上下摆动。主要食物为昆虫，也吃蜘蛛等无脊椎动物。

分布居留 旅鸟。春季和秋季可见于泰山低山至城郊、汶河流域。

保护状况 IUCN:LC；国家保护的有重要生态、科学、社会价值的陆生野生动物。

红喉歌鸲* 红点颏　红脖

Calliope calliope　Siberian Rubythroat

雄/摄影：桑新华

雌/摄影：张培栋

形态特征　中等体型的鸲类，体长14～17厘米。整体呈褐色，下体色较浅。雄鸟具显著的白色眉纹和颊纹，颏、喉为醒目的红色，具黑色细边。胸部灰色，尾羽黄褐色。雌鸟颏、喉白色，年龄较大的个体变为淡粉色；胸部褐色，眉纹及颊纹棕白色。

生活习性　栖息于低山丘陵、山脚及平原地带的阔叶林、混交林或灌草丛中。单独或成对活动，常在林下灌丛或草丛中行走、觅食。繁殖期善于鸣叫，叫声婉转动听。主要食物为昆虫，也会吃一些植物性食物。

分布居留　旅鸟。春季和秋季可见于泰山低山、汶河流域。20世纪80年代数量较多，近年来较为少见。

保护状况　IUCN:LC；国家保护的有重要生态、科学、社会价值的陆生野生动物；山东省重点保护野生动物。

蓝喉歌鸲　蓝点颏　蓝脖

Luscinia svecica　Bluethroat

雄/摄影：桑新华

雌/摄影：李晓

雄/摄影：孙桂玲

形态特征　中等体型的鸲类，体长14～16厘米。雄鸟上体褐色，头部具棕白色或白色眉纹；颏、喉蓝色，喉中部具红棕色圆斑，喉下蓝色，下具黑、白、橙红三色圆环的领，繁殖期喉部的蓝色较非繁殖期鲜艳；下体浅黄色，两胁和尾下覆羽沾棕黄色；尾羽黑褐色，外侧尾羽基部栗色。雌鸟羽色较淡，具白色颊纹，颏、喉浅棕色或白色，喉下白色黑斑形成环状领，胸部具黑色斑点，其余似雄鸟。嘴黑色，脚暗褐色。

生活习性　栖息于山地和平原的林地、疏林、林缘和灌草丛中，常单独或成对活动，善隐蔽，喜在河流等水域附近潮湿的疏松灌丛或草地中上下来回飞行，觅食时常在地上奔跑一段时间后稍停歇，同时举起并展开尾羽，再奔跑停歇。休息时多停于灌木低枝上，常抖动、开合尾羽。主要食物为昆虫。

分布居留　旅鸟。春季和秋季可见于泰山低山、城郊及汶河流域，20世纪80年代数量较多，近年来较为少见。

保护状况　IUCN:LC；国家保护的有重要生态、科学、社会价值的陆生野生动物。

白腹短翅鸲　短翅鸲

Luscinia phoenicuroides　White-bellied Redstart

雌/摄影：陈孝齐

雄/摄影：刘国强

雄、亚成鸟/摄影：刘国强

形态特征　体型较大的鸲类，体长16～19厘米。翼较短，尾长。雄鸟头、颈、上体、胸及两胁前部深铅蓝色，小翼羽上有一白色斑点，初级飞羽蓝黑色；两胁后部灰褐色，腹部白色，尾下覆羽灰褐色而具白色端斑；外侧尾羽基部橙黄色，外侧尾羽端部及中央尾羽蓝黑色。雌鸟整体呈褐色，尾羽基部棕色，下体色浅，腹中央近白色，尾下覆羽为斑驳的白色。

生活习性　主要栖息于海拔1500～4000米的高山林地和灌丛中。常单独活动，领域性较强，性活泼机警，多隐藏在灌木丛中。当飞到较开阔处时，常将尾部翘起，并会将尾羽呈扇形打开。主要以昆虫为食，秋冬季节也会吃一些植物性食物。繁殖期5～8月，此时雄鸟常鸣叫，巢筑于灌草丛中，杯状，用枯草等编织而成。

分布居留　较少见的夏候鸟。仅见于泰山高山带。

保护状况　IUCN:LC；国家保护的有重要生态、科学、社会价值的陆生野生动物。

红胁蓝尾鸲

Tarsiger cyanurus Orange-flanked Bluetail

雄/摄影：张培栋

雌/摄影：张培栋

形态特征 体型较小的鸲类，体长13～15厘米。脚较歌鸲类短，但尾较歌鸲类长。雄鸟上体蓝色，头部蓝灰色，具短粗白色眉纹，翼上小覆羽及尾上覆羽亮蓝色；颏、喉及胸部棕白色，两胁棕红色，腹至尾下覆羽白色。雌鸟整体呈黄褐色，具白色眼圈；喉白，胸沾褐色，两胁橙红色，其余下体白色；尾羽蓝色。嘴黑色，脚黑褐色。

生活习性 栖息于山区和平原的林地、灌丛及城市园林等，非繁殖期常在海拔较低处活动。在矮树、林下灌木枝间觅食，停歇时尾常上下摆动。主要食物为昆虫，也吃其他无脊椎动物，偶尔吃植物性食物。

分布居留 较常见的旅鸟或冬候鸟。分布于泰山低山带、城区园林至城郊。

保护状况 IUCN:LC；国家保护的有重要生态、科学、社会价值的陆生野生动物。

北红尾鸲　火燕儿　花红燕儿

Phoenicurus auroreus　Daurian Redstart

雄/摄影：刘国强

雌/摄影：张培栋

幼鸟/摄影：刘国强

形态特征　中等体型的鸲类，体长13～16厘米。嘴尖，尾略长。雄鸟从头顶至后颈为灰白色，头颈其余部位黑色；背及两翼黑色，翼中部有明显白色翅斑，在翼合拢时呈三角形；腰、腹、尾下覆羽橙黄色；中央一对及最外侧尾羽黑色，其余尾羽橙黄色。雌鸟整体棕黄色，下体色较浅，翼上的白色翅斑略小于雄鸟，腰及外侧尾羽橙红色。嘴和脚黑色。

生活习性　栖息于平原和山区的林地、水域或居民点附近的次生林地、灌丛等生境中，在城市公园也常见到。常栖息于电线或树枝上，停落时尾部上下颤动，行动敏捷，喜在灌木丛或矮树之间逐段飞行。主要食物为昆虫，偶尔食灌木浆果。繁殖期4～6月，夏候鸟于每年3月迁至泰山。营巢于石缝、墙洞中，巢由草茎、草叶、树皮等编织而成。卵青白色或白色，具棕色的细小斑块。

分布居留　常见林鸟，一年四季可见，多为夏候鸟。在泰山上数量众多，自山顶至山下城区园林、城郊、汶河流域都有分布。

保护状况　IUCN:LC；国家保护的有重要生态、科学、社会价值的陆生野生动物。

红尾水鸲* 蓝石青儿

Rhyacornis fuliginosa　Plumbeous Water Redstart

雄/摄影：刘国强

幼鸟/摄影：张艳然

雌/摄影：刘国强

形态特征　体型较小的鸲类，体长13～14厘米。身体较为紧凑，整体色彩鲜明。雄鸟除尾羽外整体呈暗蓝色，眼先黑色，尾红色。雌鸟整体呈灰褐色，眼先和额沾棕黄色；两翼具两道点状白斑；胸、腹部灰色具白斑；尾基部、尾上和尾下覆羽白色，尾羽展开时尤其明显。幼鸟似雌鸟而身上多白色斑点。

生活习性　栖息于山涧溪流或山下的清澈河流处，单独或成对活动，常立于水边或水中突出岩石上，停立时尾常上下抖动，间或展开成扇形，并不断开合。当发现昆虫时从栖处飞起捕食，捕食后返回原处。受到惊扰时，常紧贴水面沿河飞行一小段距离。常发出单音节的、尾音上扬的“啾——”声，繁殖期雄鸟会发出一串似虫鸣的“嘟嘟嘟”叫声。繁殖期3～7月，营巢于水边石缝、墙洞中，巢由草茎、草叶、兽毛等编织而成。

分布居留　留鸟。见于泰山中山带、低山带和山下的河流处。

保护状况　IUCN:LC；国家保护的有重要生态、科学、社会价值的陆生野生动物。

白顶溪鸲 *

Chaimarrornis leucocephalus　White-capped Water Redstart

摄影：孙桂玲

摄影：刘国强

形态特征　体型较大的鸲类，体长17～20厘米。整体色彩为黑白红三色，特征鲜明。头顶白色，头、颈、背、前胸、翼为略有光泽的黑色，腰、腹、尾基部栗红色，尾末端为黑色，嘴和脚为黑色。

生活习性　栖息于山区、山麓的溪流处，冬季多在低山及山脚，夏季多上到中高山带，会随季节垂直迁移。一般单独或成对活动，常立于溪边或溪流中的突出石头上，降落时不停点头抖尾，尾常呈扇形展开，有时会伴随屈蹲身体。常沿水面飞行，每次飞行不远即落下。叫声为单音节尾音上扬的“唧”声，较红尾水鸲干脆。喜食水生昆虫，也吃软体动物和其他无脊椎动物，偶尔吃植物果实和种子。繁殖期3～7月，营巢于溪边石缝、树根、岩洞等小型洞穴、空隙中，巢由草茎、草叶等构成。

分布居留　少见的留鸟。见于泰山山区。

保护状况　IUCN:LC；国家保护的有重要生态、科学、社会价值的陆生野生动物。

紫啸鸫*

Myophonus caeruleus Blue Whistling Thrush

摄影：刘冰

形态特征 体型较大的鸣禽，体长28～35厘米。整体为紫蓝黑色；全身体羽布有蓝色水滴状亮斑，头颈处大而显著；两翼黑褐色，表面具蓝紫色光泽。本地区分布的指名亚种嘴为黑色，脚黑色。

生活习性 栖息于山区溪流及其附近的林地、灌丛中，常单独或成对在溪边岩石或乱石间上下飞行，喜跳跃前进，停歇时常将尾羽散开并上下摆动或偶尔左右摇动。主要食物为昆虫，偶食植物果实和种子。繁殖期4～7月，此时雄鸟鸣声清亮而高亢，婉转动听。营巢于溪边岩石处，有时也营巢于建筑或树枝上，巢由苔藓、泥、枯草等构成。

分布居留 少见的夏候鸟。见于泰山山区溪谷附近。

保护状况 IUCN:LC；国家保护的有重要生态、科学、社会价值的陆生野生动物。

黑喉石䳭　东亚石䳭

Saxicola maurus　Siberian Stonechat

雄/摄影：刘冰

雌/摄影：孙桂玲

形态特征　体型较小的鸣禽，体长12～15厘米。体形似鸲类而嘴略钝。雄鸟头部黑色；颈侧、肩部有白斑；背及上腰黑色，具棕色羽缘，翼上面多为具棕色羽缘的黑色，外侧具白色翅斑；胸为棕色，腹部颜色渐浅；下腰至尾羽基部白色，尾羽端部黑色，飞行时翼及尾部的三块白色区域甚明显。雌鸟整体呈褐色，上体黑褐色而具棕色羽缘，喉部近白色，腰、胸棕色，腹浅棕色。嘴和脚黑色。

生活习性　栖息于低山丘陵、平原、沼泽附近，偏好草地、灌草丛和农田。常单独或成对活动，停栖时立于灌木或小树枝头、芦苇顶端、较高的作物或农田中的竹竿上，并摆动尾羽。捕食昆虫时迅速飞起后又返回原处。繁殖期喜立于高处鸣叫，平时叫声似叩击石块。主要食物为昆虫及其他无脊椎动物，也吃植物种子和果实。

分布居留　较常见的旅鸟。春季和秋季见于泰山低山、城郊至汶河流域。

保护状况　IUCN:LC；国家保护的有重要生态、科学、社会价值的陆生野生动物。

蓝矶鸫 山翠

Monticola solitarius Blue Rock Thrush

雌/摄影：刘国强

雄/摄影：刘国强

形态特征 体型较大的矶鸫，体长25～30厘米。雄鸟头、颈、胸、背、腰、尾均为靛蓝色，头顶和背具明显光泽；腹和尾下覆羽红棕色。雌鸟整体灰褐色而多纹，上体色深，下体色浅，背、腰、颏、颈、胸及腹布满黑褐色横斑，翼及尾羽黑褐色而具棕白色羽缘。嘴和脚黑色。

生活习性 栖息于多岩石的峡谷或山溪附近，常单独或成对停栖在突出的岩石或枝头上，多在地上觅食，从栖息的高处扑落至地面捕猎，或突然飞至空中捕食昆虫，又迅速飞回原处。繁殖期雄鸟喜立于岩石或树枝顶端高声鸣叫，昂首翘尾，鸣声多变婉转，清脆悦耳。主要食物为昆虫，也吃一点植物果实和种子。繁殖期4～7月，巢在岩缝或土洞等小型洞穴中，由枯草等编织而成。

分布居留 夏候鸟或旅鸟。夏季繁殖于泰山山区溪谷附近，迁徙季节会经过城郊。

保护状况 IUCN:LC；国家保护的有重要生态、科学、社会价值的陆生野生动物。

白喉矶鸫*

Monticola gularis　White-throated Rock Thrush

雌/摄影：赵毅

雄/摄影：孙桂玲

形态特征　体型中等的鸣禽，但为较小的矶鸫类，体长17～19厘米。雄鸟头顶至后颈以及翼上小覆羽靛蓝色，眼先和颊橙红色，耳羽至颈侧黑色；翼上具一白斑，背、肩和翼上面的其他部位黑色而具褐色羽缘；喉白色，胸、腹部及腰橙红色，具不甚明显的浅色水纹状斑纹。雌鸟整体呈棕黑色；头顶棕褐色，头侧黑褐色具浅色点斑，喉白色；上体褐色而布满鱼鳞状黑色斑纹，腰和尾上覆羽近白色而具横斑；胸、上腹和两胁白色而布满黑色鱼鳞斑，腹中央和尾下覆羽白色；尾黑褐色。嘴和脚黑色。

生活习性　栖息于多岩石山地的森林中。一般单独或成对活动，常立于岩顶和茂密的树枝间鸣叫，声音悦耳动听，喜在林下或灌丛间觅食活动，主要以昆虫、蜘蛛或其他无脊椎动物为食。

分布居留　少见的旅鸟。见于泰山山区。

保护状况　IUCN:LC；国家保护的有重要生态、科学、社会价值的陆生野生动物。

北灰鹟

Muscicapa dauurica Asian Brown Flycatcher

摄影：孙桂玲

摄影：张培栋

形态特征 小型鸣禽，体长12～14厘米。体形瘦长，翼折叠在体侧时较显长，尾较短。眼较大，褐色。嘴较短，主要为黑色，嘴端尖，基部较宽阔，嘴角有须。上体呈褐灰色，眼周白色，眼先色浅。次级飞羽和三级飞羽外侧具白色羽缘，大覆羽末端白色，形成翼斑。下体淡灰白色，胸和两胁沾有灰色。脚较短，黑色。

生活习性 栖息于山地至平原的林地、疏林，多活动于树冠中。迁徙时结小群活动，常呈直立的姿势栖于树枝上，飞起在空中捕食飞虫，又落回栖处。主要食物为昆虫和蜘蛛。

分布居留 较常见的旅鸟。春季和秋季见于泰山低山、城区园林至城郊的林地。

保护状况 IUCN:LC；国家保护的有重要生态、科学、社会价值的陆生野生动物。

灰纹鹟 *

Muscicapa griseisticta　Grey-streaked Flycatcher

摄影：张培栋

形态特征 小型鸣禽，体长13～15厘米。整体似北灰鹟和乌鹟，上体褐灰色，眼先和眼圈色浅。下体近白色，两胁具有明显的深灰色纵纹，比乌鹟的清晰，以区分于相似的两种。

生活习性 栖息于山区和山下的林地，常单独或成对活动，活动于树冠层，觅食习性似北灰鹟、乌鹟。

分布居留 少见旅鸟。春季和秋季见于泰山低山和山下的林地。

保护状况 IUCN:LC；国家保护的有重要生态、科学、社会价值的陆生野生动物。

乌　鹟

Muscicapa sibirica　　Dark-sided Flycatcher

摄影：孙桂玲

幼鸟/摄影：张培栋

形态特征　小型鸣禽，体长12～13厘米。整体似北灰鹟而羽色略暗。上体暗褐灰色，眼圈白色，翼和尾黑褐色，大覆羽、次级飞羽和三级飞羽具浅色羽缘。喉白，具白色半领环。下体主要为灰白色，胸和两胁具暗灰色的、融成一片的粗纵纹。幼鸟翼上大覆羽和飞羽的白色缘显著，上体较多白色斑点，下体的灰色纵纹呈斑点状。

生活习性　栖息于山地至平原的林地，多在树冠层活动，习性似北灰鹟，常在树间来回飞翔捕食飞虫。

分布居留　旅鸟。春季和秋季见于泰山低山、城区园林至城郊的林地。

保护状况　IUCN:LC；国家保护的有重要生态、科学、社会价值的陆生野生动物。

白眉姬鹟　鸡蛋黄

Ficedula zanthopygia　Yellow-rumped Flycatcher

雌/摄影：孙桂玲

雄/摄影：孙桂玲

雄/摄影：张培栋

雌/摄影：张培栋

形态特征　体型较小的鹟类，体长11～14厘米。雄鸟色彩鲜明，头、上背、肩、翼上面和尾羽主要为黑色，头部具显著的白色眉纹；翼上具一道显著宽阔的白色横斑；三级飞羽上的白色缘形成一道纵纹；腰、喉至腹为鲜艳的黄色；尾下覆羽白色。雌鸟上体橄榄色，眼先和眼周色浅，翼上具两道白色翼斑，三级飞羽处具一道明显的白色纵纹；腰黄色，下体黄白色，尾黑色而具有橄榄色羽缘。嘴和脚皆为黑色。

生活习性　栖息于低山和平原地区的林地，常单独或成对活动，活动于树冠层的较低处，觅食习性似其他鹟类的典型习性。春季雄鸟常会鸣唱，鸣声悦耳。

分布居留　旅鸟或夏候鸟。有个体在泰山繁殖，春季和秋季见于泰山低山至城郊的林地。

保护状况　IUCN:LC；国家保护的有重要生态、科学、社会价值的陆生野生动物。

绿背姬鹟 *

Ficedula elisae　Green-backed Flycatcher

雄/摄影：柳勇

形态特征　体型较小的鹟类，体长12～13厘米。雄鸟头、背、肩为黄绿色；眼圈黄色，眼先和眉纹黄色但眉纹甚不明显；腰和尾上覆羽黄色，翼灰褐色而具两道白色细横斑；颏、喉、胸为鲜艳的柠檬黄色，其余下体为略暗淡的柠檬黄色；尾羽黑褐色。雌鸟较雄鸟整体羽色暗淡，上体灰绿色，眼圈黄白色，腰黄绿色，下体黄白色，喉、胸侧和两胁沾绿灰色。

生活习性　栖息于山区和山麓的林地，常单独或成对活动，觅食习性似其他鹟类的典型习性。春季雄鸟常会鸣唱。

分布居留　旅鸟。春季和秋季见于泰山低山至城郊的林地。

保护状况　IUCN:LC；国家保护的有重要生态、科学、社会价值的陆生野生动物。

过去认为是黄眉姬鹟*F. narcissina*的亚种。

雌/摄影：张培栋

鸲姬鹟

Ficedula mugimaki　Mugimaki Flycatcher

雄/摄影：张培栋

雌/摄影：张培栋

摄影：张培栋

形态特征　体型较小的鹟类，体长11～13厘米左右。雄鸟上体主要为黑色，眼后上方具一小块白斑；翼上次级覆羽白色，形成一显著的白色粗横斑；喉至上腹锈红色，其余下体白色；尾黑褐色，外侧尾羽基部为白色。雌鸟上体主要为灰褐色，眼后上方具浅色斑，翼上的翼斑较细，尾两侧无白斑，喉至上胸为淡锈红色。嘴和脚皆为黑色。

生活习性　栖息于低山和平原地区的林地，站立时常翘起尾羽。性活泼，常在树上或者灌丛飞来飞去，觅食习性似其他鹟类。

分布居留　少见旅鸟。春季和秋季见于泰山低山至城郊的林地。

保护状况　IUCN:LC；国家保护的有重要生态、科学、社会价值的陆生野生动物。

红喉姬鹟 黄点颏

Ficedula albicilla Taiga Flycatcher

雄/摄影：孙桂玲

雌/摄影：刘冰

形态特征 体型较小的鹟类，体长13厘米左右。雄鸟繁殖羽上体灰褐色，具白色眼圈，喉橙红色，下方具灰色胸带；飞羽灰褐色而具浅色羽缘，尾上覆羽至尾黑褐色，外侧尾羽基部白色；下体近白色，两胁沾棕灰色。雌鸟和非繁殖羽雄鸟喉部白色。

生活习性 栖息于低山和平原地区的林地，站立时常翘起尾羽。性活泼，常在树上或者灌丛飞来飞去，觅食习性似其他鹟类。叫声似手表上发条的声音。

分布居留 旅鸟。春季和秋季见于泰山低山至城郊的林地。

保护状况 IUCN:LC；国家保护的有重要生态、科学、社会价值的陆生野生动物。

白腹蓝鹟* 白腹蓝姬鹟　白腹姬鹟

Cyanoptila cyanomelana　Blue-and-white Flycatcher

雄/摄影：张培栋

雄（亚成鸟）/摄影：张培栋

雌/摄影：张培栋

形态特征　体大的鹟类，体长17厘米左右。雄鸟上体和翼上面呈鲜艳的青蓝色，脸部、喉和上胸黑色，尾羽基部白色，下胸至尾下覆羽白色。未成年雄鸟头至背褐色，翼和尾蓝色，下体近白色。雌鸟上体呈褐色，腰至尾棕褐色；飞羽黑褐色，外侧羽缘色浅；下体近白色，胸和两胁沾灰褐色。嘴和脚均为黑色。

生活习性　栖息于山区和平原地区的林地、林缘、灌丛中。单独或成对活动，以昆虫为主要食物。春季雄鸟鸣唱声悦耳，鸣唱时较为隐蔽。

分布居留　旅鸟。春季和秋季见于泰山低山带。

保护状况　IUCN:LC；国家保护的有重要生态、科学、社会价值的陆生野生动物。

铜蓝鹟 *

Eumyias thalassinus　Verditer Flycatcher

摄影：桑新华

形态特征　体型较大的鹟类，体长16厘米左右。雄鸟通体呈鲜艳的绿蓝色，眼先黑色，尾下覆羽具白斑。雌鸟似雄鸟而色彩较为暗淡，眼先较灰，下体略偏灰白。嘴和脚黑色。

生活习性　栖息于山区的林地、林缘、灌丛中。一般单独或成对活动于树冠层或灌木上，很少下地。以昆虫为主要食物，常在空中飞捕，也在树枝间寻觅。鸣声悦耳。

分布居留　近年来新记录到的迷鸟，在泰山一带仅有两次记录。此种本分布于南方，且为野鸟贸易中常见种类，尽管被发现的鸟状态良好，但不能完全排除是逃逸或放生后在野外生活了一段时间的个体。

保护状况　IUCN:LC；国家保护的有重要生态、科学、社会价值的陆生野生动物。

戴菊科

Regulidae

体型娇小的鸣禽，嘴尖细，羽色主要为橄榄绿色；整体较似柳莺类，但具浅色眼圈，头顶中央具鲜艳的冠纹。栖息于林地，性活泼，常在树枝间不停跳动，以昆虫为食。

戴　菊

Regulus regulus　　Goldcrest

雄/摄影：刘国强

雄/摄影：王兴娥

雌/摄影：王兴娥

形态特征　体型甚小的鸣禽，体长9～10厘米。上体橄榄绿色，头部较偏灰色，腰和尾上覆羽偏黄绿。头顶中央具艳丽的顶冠纹，雄鸟橙红色，雌鸟柠檬黄色；顶冠两侧有黑色侧冠纹；额基和眼周为灰白色。翼黑褐色，合拢时整体呈黄绿色，上具两道淡黄白色翼斑以及黑色斑块；初级和次级飞羽羽缘淡黄绿色，三级飞羽尖端白色。尾羽黑褐色，外侧羽缘橄榄黄绿色。下体近白色，羽端沾黄色，两胁和腹两侧沾橄榄灰色。嘴黑色，脚褐色。

生活习性　栖息于针叶林和针阔混交林中，性活泼，敏捷好动，白天几乎不停地活动，在树枝间来回跳动或做短距离飞行，并不断发出尖细的“嗞、嗞、嗞”叫声。主要以昆虫为食，也吃蜘蛛和其他小型无脊椎动物，冬季也吃植物种子。

分布居留　较少见的冬候鸟。见于泰山山区。

保护状况　IUCN:LC；国家保护的有重要生态、科学、社会价值的陆生野生动物。

太平鸟科

Bombycillidae

中等体型的鸣禽，整体羽色主要呈橙灰色；嘴短而尖；头顶后部具羽冠；身体较胖，尾短；翼尖、次级飞羽的羽轴常延长成红色蜡状突起。栖息于林地，常结群栖于树上，取食浆果或昆虫。

太平鸟* 十二黄

Bombycilla garrulus Bohemian Waxwing

摄影：孙桂玲

形态特征 中小型鸣禽，体长18厘米左右。整体体型较胖，头部具羽冠，尾短。脸部为橙灰色，羽冠色较浅；嘴角白色，由上嘴基部至枕部有一条黑色的贯眼纹带，枕部黑色纹带被羽冠覆盖；颏、喉为黑色。背、肩羽灰褐色。初级覆羽黑色并有白端，初级飞羽黑色，有明显黄色狭斑，在翅膀折叠时形成一道黄色纵纹；次级飞羽羽轴突出，形成较扁的红色蜡状突起。胸部至腹部浅褐色，并逐步变浅。尾下覆羽为栗色。尾羽灰色，近端为黑色，末端有黄色端斑，中央两对尾羽羽轴端部红色且形成蜡质突起。虹膜暗红色，嘴和脚黑色。与小太平鸟的主要区别在于尾端为黄色，翼侧具黄色纵线和白色横纹，胸前无浅色区域。

生活习性 栖息于针叶林、混交林及高大阔叶林中，冬季常栖息于山区、郊区的阔叶林及具食源树种的城市园林中。喜欢集群活动，常与小太平鸟混群活动。杂食，冬季主要取食植物果实种子，其他季节也吃昆虫，有时会飞起捕虫。叫声轻柔悦耳。

分布居留 冬候鸟或旅鸟。数量上年际变化较大。见于泰山低山至城郊。

保护状况 IUCN:LC；国家保护的有重要生态、科学、社会价值的陆生野生动物。

小太平鸟* 十二红

Bombycilla japonica　Japanese Waxwing

摄影：孙桂玲

摄影：刘国强

形态特征　中小型鸣禽，体长16厘米左右。体形似太平鸟但略小。脸部为橙灰色；嘴角白色，由上嘴基部到枕部形成一条黑色的贯眼纹带；羽冠色较浅，枕部后方黑褐色，并伸出至羽冠；颏、喉为黑色。背、肩羽、腰灰褐色，越向后灰色越深。初级覆羽有玫瑰色色斑；初级飞羽灰黑色，次级飞羽褐灰色并有黑端。胸腹部为浅褐色，腹部中央为浅灰色。尾下覆羽为栗色。尾羽灰色，近端为黑色，端部为玫瑰红色。虹膜紫红色，嘴黑色，脚黑色。与太平鸟主要区别在于其尾端为红色，翼侧无黄色翼带，胸前色浅。

生活习性　栖息于针叶林、针阔混交林及阔叶林中，习性似太平鸟。群居，常与太平鸟混群活动。杂食，以植物果实种子为主食，兼食少量昆虫。

分布居留　冬候鸟或旅鸟。数量上年际变化较大。见于泰山低山至城郊。

保护状况　IUCN:NT；国家保护的有重要生态、科学、社会价值的陆生野生动物。

岩鹨科

Prunellidae

小型鸣禽，体形一般似麻雀，嘴尖而基部略粗。主要栖息于山区的灌丛、裸岩、砾漠的地面或灌丛中，主要取食昆虫，也吃一些植物性食物。营巢于砾石堆或灌草丛中。

领岩鹨 *

Prunella collaris　Alpine Accentor

摄影：刘国强

摄影：刘国强

形态特征　体型较小的鸣禽，体长16～20厘米。体形较为紧凑，脚较短，显得略"胖"。嘴尖但较粗，上嘴及下嘴尖灰黑色，下嘴基部黄色。头、颈、胸和上背灰色，喉部具黑白相间的横斑。背、肩黄褐色，具黑褐色纵纹。腰和尾上覆羽棕栗色。翼上覆羽黑色，端部具白色点斑，形成两道翼斑。飞羽黑褐色，具灰白色羽缘。两肋棕栗色，具白色纵斑；腹部中央黄褐色。尾下覆羽灰白相杂。尾羽黑褐色，具棕色缘。脚红褐色。

生活习性　栖息于中、高山地带的具有苔藓或地衣的裸岩、灌丛和草地上。除繁殖期外，多成群活动，常在灌草丛或岩石之间跳跃，会站在岩石上鸣唱，声音细碎婉转。主要食物为昆虫、蜘蛛等，也吃一些草籽、嫩叶等植物性食物。

分布居留　冬候鸟。仅见于泰山山顶一带。

保护状况　IUCN:LC；国家保护的有重要生态、科学、社会价值的陆生野生动物。

棕眉山岩鹨

Prunella montanella Siberian Accentor

摄影：张培栋

摄影：刘兆瑞

形态特征 体型较小的鸣禽，体长13～16厘米。嘴近黑色。头顶和脸部黑色；眉纹较长，为淡棕黄色。背和肩栗褐色，具灰黄色纵纹。腰和尾上覆羽灰褐色。喉至上胸棕黄色，胸侧和两肋具有棕褐色细纹，腹至尾下覆羽皮黄色。翼上具两道棕白色翼斑，飞羽黑褐色，具浅红褐色羽缘。尾羽黑褐色。脚黄褐色。

生活习性 主要栖息于山地和山麓的灌丛、林缘、矮树林等生境，常隐藏在灌草丛中。主要以昆虫为食，也会吃一些草籽等。越冬时常与鹀类混群。

分布居留 旅鸟或冬候鸟。见于泰山山区。

保护状况 IUCN:LC；国家保护的有重要生态、科学、社会价值的陆生野生动物。

雀科

Passeridae

多为体形似麻雀的小型鸟类，嘴呈圆锥状，较短厚；身体较圆；尾较平，不分叉；许多种类雄鸟体色较雌鸟鲜艳。栖息于林地、灌草丛、草原等生境，在地面活动时齐足跳动，不会迈步走动。主要食物为草籽、种子、果实等植物性食物，繁殖期也吃昆虫。营巢于小型洞穴中或树上。麻雀即属于此类。

麻　雀　树麻雀　家雀　老家贼　瓦雀　消虫

Passer montanus　Eurasian Tree Sparrow

摄影：孙桂玲

摄影：刘兆瑞

摄影：刘国强

形态特征　小型鸣禽，体长13～15厘米。体形较为矮圆。嘴圆锥形，较粗，黑色。额、头顶至后颈栗褐色，头侧和颈侧白色，颊上的黑色点斑在白色头侧极为醒目，此特征区别于其他麻雀。颏及喉黑色，颈背具完整灰白色领环。上体棕褐色，背、肩具黑色粗纵纹。翼上面大部分羽毛为黑褐色，并具宽阔的棕褐色外缘，中覆羽和大覆羽的白色端部形成两道白色翼斑。下体皮黄灰色。尾黑褐色，具褐色羽缘。脚粉褐色。幼鸟似成鸟但色彩较暗淡，嘴基黄色。

生活习性　喜欢栖息在有人类生活的各种生境，适应力强，十分常见。性活泼，常集群活动，一般在地面、草丛及灌丛中觅食，发出叽叽喳喳的叫声，较为嘈杂。在地面行进时为齐足跳动，而非迈步走动。食性较杂，主要以谷粒、草籽、果实为食，繁殖期间也吃大量昆虫。繁殖期3～8月，营巢于墙洞等各种建筑上的空洞缝隙、人工巢箱、树洞甚至空调外机的孔洞中，巢由植物纤维、绒毛等构成，碗状。

分布居留　本区最常见的留鸟。分布甚广，见于各种生境。

保护状况　IUCN:LC；国家保护的有重要生态、科学、社会价值的陆生野生动物。

山麻雀　山消虫　红雀　山贼贼

Passer cinnamomeus　Russet Sparrow

雄/摄影：孙桂玲

雌/摄影：刘兆瑞

育雏/摄影：刘兆瑞

形态特征　小型鸣禽，体长13～15厘米。雄鸟色彩较为艳丽，头顶及上体为鲜艳的栗红色，上背具黑色纵纹；颏、喉黑色，头侧白色或淡灰白色；颈侧至胸、腹淡灰白色，有时略沾黄色；飞羽和尾羽黑褐色而具皮黄色羽缘。雌鸟色较暗淡，上体褐色或沙褐色，具深褐色的过眼纹和宽阔的皮黄白色长眉纹，颏、喉无黑色。嘴黑色，脚粉褐色。

生活习性　栖息于山区的林地、林缘、灌木丛中，村庄附近的小块林地等，不喜欢茂密的深林。常结小群在树上活动觅食，繁殖期单独或成对活动。飞行力较麻雀强，活动范围亦较大。主要以植物种子、果实以及昆虫为食。繁殖期4～8月，营巢于树洞、岩洞、人工巢箱或人工建筑上的小型洞穴中，巢由草叶、植物纤维和毛发等构成。

分布居留　夏候鸟。春夏季在泰山各海拔区段都甚为常见。

保护状况　IUCN:LC；国家保护的有重要生态、科学、社会价值的陆生野生动物。

鹡鸰科

Motacillidae

体型较小的鸣禽，体形细长；嘴尖而细，脚较为细长；尾较长，最外侧尾羽多为白色。多栖息于水边、草地的地面上，少数种类栖于林地树上。常在地面上行走觅食，尾常上下摆动，有的种类为左右摆动尾部，主要食物为昆虫。鹡鸰类色彩多较明晰，尾较鹨类长；鹨类体色较暗淡且多纹，较似百灵类而嘴尖细、身形较瘦。

白鹡鸰　白颤儿　白面鸟

Motacilla alba　White Wagtail

摄影：刘冰

雄/摄影：刘冰

灰背眼纹亚种*M. a. ocularis*/摄影：孙桂玲

亚成鸟/摄影：刘兆瑞

形态特征　中等体型的鹡鸰，体长16～20厘米。体形瘦长，嘴尖，尾长。整体羽色由黑、白或黑、白、灰构成。额、脸颊、腹至尾下覆羽白色，头顶和后颈黑色，胸前黑色，翅膀黑色或灰色并有白斑。普通亚种*M. a. leucopsis*前额、眼周、颊和喉均为白色，雄鸟背黑色，雌鸟背灰色。灰背眼纹亚种*M. a. ocularis*颊和喉均为黑色，具贯眼纹，背部灰色。幼鸟上体浅灰褐色，具白色眉纹。眼、嘴、脚均为黑色。

生活习性　栖息于山区和平原的河流、湖泊、池塘、水田、沼泽等水域岸边或附近的草地、农田、石滩和建筑区，一般单独或成对活动，迁徙季节会成群活动。常停栖于水边的岩石、电线杆和屋顶等突出物上，尾不断上下摆动。飞行呈波浪状，常边飞边发出“鹡鸰、鹡鸰”的叫声，春季时也会站在建筑物顶端鸣唱。主要食物为昆虫等。繁殖期4～7月，营巢于水域附近的石缝、墙洞、土洞中。

分布居留　甚常见的生活在水边的鸣禽。在泰山低山至汶河流域的水域广泛分布。普通亚种*M. a. leucopsis*甚为常见，在本地区繁殖，一年四季皆可见到；灰背眼纹亚种*M. a. ocularis*相对少见，为冬候鸟或旅鸟。

保护状况　IUCN:LC；国家保护的有重要生态、科学、社会价值的陆生野生动物。

灰鹡鸰　马兰花儿

Motacilla cinerea　Gray Wagtail

雄/摄影：孙桂玲

雌/摄影：孙桂玲

形态特征　中等体型的鹡鸰，体长16～20厘米。上体灰色，头部具一白色眉纹，雄性夏季颏黑色，冬季白色，雌性颏四季均为白色。腰和尾上覆羽黄色。尾较长，中央尾羽黑色，羽缘黄色，外侧尾羽白色。翼上覆羽黑色，具白色翼斑。外形、大小和黄鹡鸰类似，但背为灰色，翅上覆羽黑白色。眼、嘴均为黑色，脚粉红色。
生活习性　栖息于山区和平原的溪谷、河流、湖泊及附近的草地、林地、田地、道路等，一般单独或成对活动，常栖于水中或水边的岩石、树木、电线杆和屋顶等突出物上，尾不断上下摆动，飞行呈波浪状，边飞边发出鸣声。以昆虫为食，常在地面奔走捕虫，偶尔飞捕。繁殖期4～7月，常营巢于石缝、墙洞、树洞等缝隙里。
分布居留　较常见的夏候鸟或旅鸟。在泰山中山、低山带至汶河流域的水域及附近广泛分布。
保护状况　IUCN:LC；国家保护的有重要生态、科学、社会价值的陆生野生动物。

黄鹡鸰

Motacilla tschutschensis　Eastern Yellow Wagtail

摄影：刘兆瑞

形态特征　中等体型的鹡鸰，体长18厘米左右。上体主要呈橄榄绿色，下体黄色，翼上覆羽为深棕色并有白色或者黄色羽缘，翼具两道黄色较细横斑。尾短于灰鹡鸰，除外侧尾羽为白色外，其余尾羽黑色。眼、嘴、脚均为黑褐色。

生活习性　栖息于平原和山麓的水边、草地、农田、林缘，常成对或成小群活动，来回奔走觅食昆虫，常立在水中或水边岩石上，尾上下摆动。飞行呈波浪状，边飞边发出“唧、唧”的鸣声。

分布居留　旅鸟。迁徙时经过城郊的农田和汶河流域。

保护状况　IUCN:LC；国家保护的有重要生态、科学、社会价值的陆生野生动物。

黄头鹡鸰

Motacilla citreola　　Citrine Wagtail

雄/摄影：孙桂玲

雌/摄影：刘兆瑞

形态特征　中等体型的鹡鸰，体长15～19厘米。雄鸟头黄色，雌鸟头顶和颊灰色，有黄色眉纹。背灰色，胸、腹黄色。翼上面黑色，有明显白色羽缘，整体呈黑白相间状。尾及尾上覆羽黑色，外侧两对尾羽具白斑。眼、嘴、脚均为黑色。

生活习性　栖息于水边、沼泽、农田等较平坦且近水的生境中，常成对或成小群活动，也会和其他鹡鸰混群活动。沿水边奔走捕食昆虫，停栖时常上下晃动尾部。

分布居留　旅鸟。迁徙季节见于汶河流域。

保护状况　IUCN:LC；国家保护的有重要生态、科学、社会价值的陆生野生动物。

山鹡鸰　林鸰　树鹡鸰　刮刮油

Dendronanthus indicus　Forest Wagtail

摄影：刘国强

摄影：刘国强

形态特征　体型偏小的鹡鸰，身长15～17厘米。上体褐色，有一白色眉纹，翼具两道白色的宽阔横斑，飞羽其余部分多为黑褐色。胸前具两道黑色横纹，下方的一横纹往往不连续，两胁淡棕色，其余下体白色。中央尾羽褐色，最外侧尾羽白色，其余尾羽褐黑色。眼深棕色；上嘴红褐色，下嘴肉红色略偏黄；脚肉红色。
生活习性　栖息于山区林地，常在树上活动，以昆虫为食，喜左右摆尾，而非其他鹡鸰类的上下摆尾。会站在树枝上鸣叫，叫声较为尖锐响亮，两音节一组，连续成串。繁殖期5～7月，营巢于大树的较粗侧枝上，碗状，由植物编织而成。
分布居留　夏候鸟。见于泰山山区。
保护状况　IUCN:LC；国家保护的有重要生态、科学、社会价值的陆生野生动物。

田　鹨　理氏鹨　花鹨

Anthus richardi　　Richard's Pipit

摄影：张培栋

摄影：孙桂玲

形态特征　体型偏大的鹨，体长15～19厘米。整体体形较为修长，腿长，站姿较为直立。上体黄褐色，具深色纵纹，眉纹浅黄色。下体浅皮黄色，胸前具黑色细碎纵纹。尾羽褐色，外侧尾羽为白色，飞行时明显。眼褐色；上嘴浅褐色，下嘴偏黄色；脚黄褐色，脚趾长，后爪甚长且较平直。

生活习性　栖息于开阔的平原、草地、农田、灌丛、沼泽和疏林地，有时与百灵类混群活动，取食昆虫。飞行呈波浪形，常贴地飞行。繁殖期5～7月，营巢于草地的地面上。

分布居留　旅鸟或夏候鸟。见于泰山低山、城郊及汶河流域。

保护状况　IUCN:LC；国家保护的有重要生态、科学、社会价值的陆生野生动物。

树　鹨　地麻雀

Anthus hodgsoni　Olive-backed Pipit

摄影：刘冰

摄影：张培栋

形态特征　中等体型的鹨，体长15～16厘米。上体橄榄色，具褐色纵纹，头部尤其明显，具有明显的浅色眉纹，耳后通常有白斑。下体灰白色，具明显的黑色纵纹。翼褐色，具橄榄色羽缘。外侧尾羽大部分为白色，飞行时明显。眼黑色；上嘴黑色，下嘴肉色；脚粉红色。与黄腹鹨的区别在于其下体黑色纵纹较细。

生活习性　栖息于山区和平原的林地，以及林下或林地附近的草地、河边。常成对或成小群活动，喜在树上活动，常上下摆尾。主要食物为昆虫等无脊椎动物。飞行时常发出较为尖锐、略微拖长的单音节叫声。

分布居留　较常见的旅鸟或冬候鸟。可见于自泰山至汶河流域的各处林地。

保护状况　IUCN:LC；国家保护的有重要生态、科学、社会价值的陆生野生动物。

红喉鹨

Anthus cervinus Red-throated Pipit

摄影：刘兆瑞

摄影：孙桂玲

形态特征 中等体型的鹨，体长15厘米。上体浅褐色，具深褐色的纵纹。外侧尾羽具大型白斑。繁殖羽颏、喉、上胸和眉纹棕红色，雌鸟较雄鸟色浅；其余下体黄褐色，胁部具纵纹。非繁殖羽的红色区域为近白色，胸前具深色纵纹。眼和脚黑色，嘴黑色，下嘴基部黄色。

生活习性 栖息于草地、沼泽、灌丛、次生林、农田等地，偏好开阔的湿地，在地上觅食昆虫。

分布居留 旅鸟。春季和秋季见于城郊、汶河流域。

保护状况 IUCN:LC；国家保护的有重要生态、科学、社会价值的陆生野生动物。

黄腹鹨 *

Anthus rubescens　Buff-bellied Pipit

摄影：刘国强

摄影：刘国强

形态特征　中等体型的鹨，体长15～16厘米。上体偏褐色，有不明显的眉纹。下体浅土黄色，胸前密布深色粗纵纹，胁部亦有粗纵纹。与树鹨的区别在于其下体黑色纵纹较细，颈侧具黑色三角形斑；与水鹨区别在于其胸前的纵纹较显著以及其颈有黑斑。眼黑色，上嘴褐色，下嘴偏粉色，脚暗黄色。

生活习性　栖息于近水的地带，习性似水鹨。常成小群活动，在地面取食昆虫等。

分布居留　旅鸟或冬候鸟。见于城郊和汶河流域。

保护状况　IUCN:LC；国家保护的有重要生态、科学、社会价值的陆生野生动物。

水 鹨

Anthus spinoletta Water Pipit

摄影：孙桂玲

形态特征 中等体型的鹨，体长15～18厘米。上体偏灰褐色，具较不明显的深色纵纹，眉纹浅色，有时不明显。中覆羽和大覆羽的白色羽缘形成两条白色横带。外侧尾羽具大型白斑。繁殖羽下体偏粉色，胸和胁具不明显的纵纹；非繁殖羽下体灰白色，纵纹较繁殖羽明显。眼黑色，嘴褐色，脚偏粉色。

生活习性 栖息于河谷、湖泊、溪流、沼泽等地，也偶见于近水的农田、草地和旷野。常在地面奔走捕食昆虫等无脊椎动物，飞行呈波浪状，并会发出尾音上扬的清脆单音节叫声。

分布居留 旅鸟或冬候鸟。见于城郊和汶河流域。

保护状况 IUCN:LC；国家保护的有重要生态、科学、社会价值的陆生野生动物。

燕雀科

Fringillidae

小型鸟类，较似雀科鸟类，但尾分叉；嘴为圆锥状，较厚；雄鸟的体色多较雌鸟鲜艳。栖息于林地、灌草丛和草地，主要取食草籽等植物性食物，在地面活动时跳跃前进。多营巢于树上或灌丛。

燕 雀 虎皮雀

Fringilla montifringilla Brambling

摄影：彭国胜

左雄右雌/摄影：张艳然

形态特征 体型较小的鸣禽，但为中等体型的雀类，体长14～17厘米。嘴为圆锥形，基部粗壮，黄色；先端尖，黑色。雄鸟繁殖羽头至上背黑色，腰白色；喉、上胸、肩橙栗色，腹至尾下覆羽白色，两胁和尾下覆羽沾棕色；翼黑色，有两道明显的白色或栗色翼斑，第二道翼斑宽阔，飞羽具皮黄色外侧羽缘；尾黑色，呈凹形分叉，具狭窄的皮黄白色羽缘。雄鸟非繁殖羽头部、背部杂有褐色。雌鸟较雄鸟暗淡，头侧灰褐色，头顶黑色，上背黑褐色而具褐色羽缘，下体颜色较浅。眼深褐色，脚偏肉褐色。

生活习性 主要栖息于山区和平原的林地，也会在林缘、灌丛和城市园林中出现。常成群活动，冬季常结成甚大的群，可达上千只。在树上、灌丛中或地面觅食，在地面活动时跳跃前进。主要食物为植物种子、草籽、果实等，繁殖期主要吃昆虫。

分布居留 旅鸟或冬候鸟。冬季常见，自泰山山顶至城区、城郊和汶河流域皆有分布。

保护状况 IUCN:LC；国家保护的有重要生态、科学、社会价值的陆生野生动物。

苍头燕雀 *

Fringilla coelebs　Common Chaffinch

雌/摄影：刘兆瑞

雄/摄影：桑新华

形态特征　中等体型的雀类，体长14～16厘米。雄鸟嘴灰色，额黑色，头顶至枕部及颈侧蓝灰色，脸部、喉、上背和上胸粉棕色，腹部粉棕色渐浅；下背、腰黄绿色；翼黑色，具有明显的白色翼斑，第一道翼斑宽阔；尾黑色，尾羽外侧白色。雌鸟嘴粉褐色，整体呈灰褐色，翼上的白斑较小，腰和尾似雄鸟，上体较下体色深；与燕雀雌鸟的区别在于其整体灰褐色，下体偏灰，而燕雀雌鸟整体偏棕栗色。脚肉褐色。

生活习性　主要栖息于林地，也会在林缘和灌丛出现。成群活动，在树上、灌丛和地面觅食，不甚怕人。食性似燕雀。

分布居留　罕见迷鸟。仅在泰山低山带记录到一次。

保护状况　IUCN:LC；国家保护的有重要生态、科学、社会价值的陆生野生动物。

金翅雀　金翅　黄翅

Chloris sinica　Grey-capped Greenfinch

摄影：孙桂玲

摄影：于瑞华

摄影：刘国强

形态特征　体型略小的雀类，体长12～14厘米。雄鸟头至颈灰褐色，眼先色深，有时头部略带黄色；背、肩棕褐色；下体浅褐色略带黄色；飞羽黑色，其上具显著的白色和黄色翼斑，飞行时甚为明显，在翼收拢时形成白色和黄色斑块带；腰、尾下覆羽、外侧尾羽具明显的黄色，其余尾羽黑色，尾呈浅叉形。雌鸟似雄鸟而色彩略暗淡，头颈偏褐色，下腹色浅。眼深褐色，嘴浅肉粉色，脚粉色。

生活习性　栖息在平原和山区的疏林、林缘、村庄附近林地、城市园林、果园等生境，多在树上活动，也会到地面取食，主要食物为植物种子、果实、草籽等，繁殖期也吃昆虫。鸣声清脆，典型鸣声为拖长的颤音，飞行时常发出带有颤音、具金属感的“唧唧唧”声。繁殖期3～8月，营巢于树上，常见于银杏树幼树、柏树、松树等树上，巢呈碗状，由草茎、植物纤维等构成。

分布居留　甚常见的留鸟。本区各地均可见。

保护状况　IUCN:LC；国家保护的有重要生态、科学、社会价值的陆生野生动物。

黄 雀

Spinus spinus　Eurasian Siskin

雄/摄影：孙桂玲

雌/摄影：孙桂玲

雄/摄影：刘兆瑞

形态特征　体小的雀类，体长11～12厘米。嘴较短，粉灰色。雄鸟整体呈绿黄色而间有黑色；额至头顶以及颏和喉的中央为黑色，颊偏灰，眼上后方有一明显的黄色眉纹，背黄绿色，具不甚明显的灰褐色纵纹，腰黄色；胸、上腹黄色，两胁、下腹至尾下覆羽灰白色而具黑色纵纹；翼黑色而具有黄色翼斑，飞羽具黄色羽缘；尾浅叉形，主要为黑色而具黄色羽缘，外侧尾羽基部黄色。雌鸟色略黯淡，头顶灰黄色而具灰褐色细纵纹，背部纵纹较为显著，其余特征与雄鸟相似。脚暗褐色。

生活习性　栖息于山区和平原的森林、果园中，也会去城市园林。除繁殖期外常结群活动，有时与其他雀类混群。多在树上活动，鸣声清脆悦耳，主要食物为谷类、草籽以及其他的植物种子、果实等，繁殖期常吃昆虫。

分布居留　旅鸟或冬候鸟。见于泰山中、低山带及城郊。

保护状况　IUCN:LC；国家保护的有重要生态、科学、社会价值的陆生野生动物；山东省重点保护野生动物。

锡嘴雀　锡嘴　老西子

Coccothraustes coccothraustes　Hawfinch

摄影：张培栋

摄影：孙桂玲

形态特征　体型中等偏大的雀类，体长17～20厘米。身形较为矮胖，嘴粗大，为具金属光泽的铅灰色或肉粉色。眼先、嘴基和颏、上喉中部为黑色，形成狭窄的黑色眼罩。头部棕黄色，后颈灰色，背棕褐色，腰皮黄色。下体主要为浅棕褐色，尾下覆羽白色。翼主要为黑色而具蓝色金属光泽，翼上中覆羽白色，形成显著翼斑；飞行时可见初级飞羽中部的白色形成一明显的白色斑块。尾短且微内凹，黑色，末端白色。眼褐色。脚粉色。

生活习性　栖息于低山和平原的林地、林缘、果园和城市园林，喜集群活动，有时与蜡嘴雀混群。常活动于树上，也会到地面觅食。主要食物为坚果、种子、其他植物果实等，也会吃昆虫。

分布居留　旅鸟或冬候鸟。见于泰山低山及山麓。

保护状况　IUCN:LC；国家保护的有重要生态、科学、社会价值的陆生野生动物。

黑尾蜡嘴雀　蜡嘴

Eophona migratoria　Chinese Grosbeak

摄影：刘国强

雌/摄影：刘兆瑞

雄/摄影：刘兆瑞

形态特征　体型中等偏大的雀类，体长17～20厘米。嘴粗大，蜡黄色，先端黑色。雄鸟头黑色，背、肩灰褐色，腰灰白色；颈、胸、腹灰色，两胁棕色；飞羽和尾羽主要为黑色，微具蓝黑色金属光泽，初级覆羽末端白色，形成小型翼斑，飞羽端部具显著的白色斑，尾为浅叉形。雌鸟头为灰色，初级飞羽末端仅具白色羽缘，体色整体较雄鸟暗淡，较少光泽。幼鸟体羽主要为褐色，嘴绿灰色。雄鸟与黑头蜡嘴雀主要区别在于其体型较小，头部黑色区域大，两胁棕色。眼黑褐色。脚肉褐色。

生活习性　栖息于低山林地、林缘、果园、城市园林等生境，常成群活动。通常在树上或地面觅食，飞行时长发出较单调而响亮的“喳、喳”叫声，繁殖期常鸣叫，鸣声高亢婉转。主要食物为坚果、种子、果实、草籽、嫩芽等，繁殖期也吃昆虫。繁殖期5～7月，营巢于乔木侧枝上，巢为碗状，由细枝、草叶、草茎等构成。

分布居留　甚常见的夏候鸟、冬候鸟或留鸟。本地区的林地皆可看到。

保护状况　IUCN:LC；国家保护的有重要生态、科学、社会价值的陆生野生动物。

黑头蜡嘴雀 梧桐

Eophona personata Japanese Grosbeak

摄影：刘国强

摄影：张培栋

形态特征 体型较大的雀类，体长21～24厘米。体形似黑尾蜡嘴雀而个体更大；嘴更为粗大，为蜡黄色。额、头顶、眼周、嘴基和颏为黑色，形成黑色“头罩”。体羽主要为灰色，飞羽和尾羽黑色，具蓝色金属光泽，初级飞羽中下部具白色小型翼斑，内侧的三级飞羽灰色而沾棕色。雌鸟头部黑色面积略小于雄鸟。与黑尾蜡嘴雀雄鸟的区别在于其体型大，整体偏灰色，嘴全黄，头部黑色面积小，两胁灰色而非棕色，初级飞羽端部为黑色而非白色。脚肉褐色。

生活习性 主要栖息于山区林地，也会去林缘、城市园林、果园等生境。常结群活动，有时与锡嘴雀、黑尾蜡嘴雀混群。食性似黑尾蜡嘴雀，但更为偏爱松子。

分布居留 较少见的冬候鸟或旅鸟。主要分布于泰山海拔略低的林地，有时会出现在城区园林中。

保护状况 IUCN:LC；国家保护的有重要生态、科学、社会价值的陆生野生动物。

普通朱雀　朱雀　麻料

Carpodacus erythrinus　Common Rosefinch

雌/摄影：张培栋

雄/摄影：张培栋

形态特征　中等体型的雀类，体长14～16厘米。嘴较粗壮且钝，浅灰褐色。雄鸟额、头顶、喉、腰为深红色，头部具一不明显的深褐色贯眼纹；背红褐色，胸为浅红色，腹部颜色较胸部更浅；翼主要为褐色，飞羽具浅红棕色羽缘；尾为浅叉形，黑褐色而具有棕红色羽缘。雌鸟上体褐色，具深色纵纹；下体白色，具褐色纵纹；飞羽、尾羽黑褐色且具黄色或白色羽缘。眼黑褐色。脚褐色。

生活习性　一般栖息在山区和山下的针叶林、针阔混交林及其林缘地带，迁徙时也会去城市园林。非繁殖期常结小群活动，也会与其他雀类混群活动。较为活泼，常在树冠、灌丛活动。主要食物为植物种子、果实、嫩芽等，繁殖期也会吃昆虫。

分布居留　旅鸟。见于泰山低山至城郊。

保护状况　IUCN:LC；国家保护的有重要生态、科学、社会价值的陆生野生动物；山东省重点保护野生动物。

北朱雀 *

Carpodacus roseus　　Pallas's Rosefinch

雌/摄影：张岩

雄/摄影：桑新华

形态特征　中等体型的雀类，体长15～17厘米。体形较为矮胖。雄鸟全身主要为玫瑰红色，头顶、额及颏沾白色，背部有明显的黑色纵纹；翼黑色，有白色和红色的羽缘；尾黑褐色，外侧羽缘粉色。雌鸟主要为棕褐色，腰和尾上覆羽粉色，背部有棕褐色纵纹；下体浅褐色，有细的深色纵纹，喉和胸沾玫红色；与普通朱雀雌鸟主要区别为其腰和胸带有红色。嘴灰色，嘴尖颜色较深。脚褐色。

生活习性　主要栖息于山区的疏林、矮林、灌丛中，迁徙经过山下的林缘、灌丛等。非繁殖期常结小群活动，也会与其他雀类混群。主要食物为谷类、草籽、灌木的果实和种子等，繁殖期也会吃昆虫。

分布居留　旅鸟。迁徙季节见于泰山山区。

保护状况　IUCN:LC；国家保护的有重要生态、科学、社会价值的陆生野生动物。

长尾雀

Carpodacus sibiricus　Long-tailed Rosefinch

摄影：桑新华

雄/摄影：桑新华

雌/摄影：桑新华

形态特征　中等体型的雀类，体长13～17厘米。相比其他燕雀科鸟类尾甚长，浅黄褐色的嘴较为短圆。雄鸟繁殖羽全身以玫红色为主，嘴基部色深，颊、头顶、后颈粉白色；背具黑褐色纵纹；翼黑褐色，具两道宽阔的白色翼斑，飞羽具白色羽缘；尾主要为黑色，外侧尾羽白色。雄鸟非繁殖羽红色相对较淡。雌鸟主要为浅棕黄色，背部有褐色纵纹，腰棕黄色，下体较上体色浅，翼和尾似雄鸟。眼和脚为黑褐色。

生活习性　主要栖息于山谷、溪流附近的树丛、灌丛、疏林、林缘中，迁徙季节和冬季会至山脚、山下活动。飞行不高且较为缓慢，常在小树、灌丛中来回飞跳觅食，也会到地面活动。主要以草籽、浆果等为食。

分布居留　少见的旅鸟。见于泰山山区。

保护状况　IUCN:LC；国家保护的有重要生态、科学、社会价值的陆生野生动物。

红交嘴雀 交嘴 青交嘴

Loxia curvirostra Red Crossbill

雄/摄影：孙桂玲

雌/摄影：孙桂玲

形态特征 中等体型的雀类，体长15～17厘米。嘴灰黑色，嘴型特殊，上嘴先端下弯，下嘴先端上弯，并在侧面交叉。雄鸟整体呈朱红色，翼和尾为深棕褐色，尾略分叉；尾下覆羽灰褐色，具近白色的羽缘。雌鸟上体浅灰褐色，头顶沾黄绿色，腰为黄色；下体颜色较上体略浅，胸腹整体略沾绿黄色，飞羽和尾羽黑褐色而具浅色羽缘。眼黑褐色，脚灰褐色。

生活习性 主要栖息于山区针叶林或针阔混交林中，迁徙时也经过低山和山下，常集群或与其他雀类混群活动。嘴强劲，很适合用来嗑开松果的种皮。主要食物为松子等坚果，也吃一些草籽、昆虫。

分布居留 20世纪80年代记录为旅鸟。见于泰山低山带，近年有越冬记录。

保护状况 IUCN:LC；国家保护的有重要生态、科学、社会价值的陆生野生动物。

铁爪鹀科

Calcariidae

小型鸟类，形似鹀类，头较大，尾较短而略分叉。一般栖息于草原、河滩、海边等开阔地带，也有种类生活在山区。在地面觅食，主要取食昆虫和植物种子等。

铁爪鹀

Calcarius lapponicus Lapland Longspur

摄影：桑新华

形态特征 中等体型的鹀类，体长14～17厘米。整体体形较矮且紧凑，尾较短。脚为黑色，后趾及爪甚长。雄鸟繁殖羽嘴黄色，嘴尖黑色；头部至上胸主要为黑色，颈背棕栗色；眉纹向耳羽后方延伸并弯折至颈侧，呈"之"字形，主要为白色，有时在眼后方沾黄色；上体栗褐色，具皮黄色羽缘和显著黑色纵纹；下体主要为白色，两胁具黑色纵纹；飞羽黑褐色，羽缘白色；尾羽主要为黑褐色，最外侧尾羽几乎全为白色。雄鸟非繁殖羽头顶黄褐色而具黑色细纵纹，耳羽皮黄色而具黑褐色边缘，"之"字形眉线为皮黄色；喉杂有灰白色，后颈杂有皮黄色，下体沾有皮黄色。雌鸟似雄鸟非繁殖羽，但后颈为皮黄色且杂有黑色纵纹，喉、上胸皮黄白色而杂有黑色细纹。

生活习性 主要栖息于平原地带水域附近的开阔荒原、草地。常结群活动，冬季会结成大群，有时与百灵科鸟类混群。习性较似百灵类。会群起飞行，飞行敏捷迅速。多在地面觅食，常栖于地面土堆、砾石上，主要食物为草籽、种子等，也会吃昆虫。

分布居留 20世纪80年代记载泰安市广布，为具有一定数量的旅鸟或冬候鸟，近年来暂无记录。

保护状况 IUCN:LC；国家保护的有重要生态、科学、社会价值的陆生野生动物。

鹀科

Emberizidae

小型鸟类，整体形态较似燕雀科鸟类，但上下嘴不能完全闭合，留有缝隙；尾较长而略分叉，最外侧尾羽通常主要为白色；上体多有纵纹，翼通常较似麻雀；头部的图纹特征是区分种类的主要特征之一。栖息于林地、灌草丛等生境，主要以草籽等植物性食物为食，繁殖期也吃昆虫。多营巢于灌草丛中。

三道眉草鹀　草鹀　眉子　山带子　铁雀

Emberiza cioides　Meadow Bunting

雌/摄影：刘兆瑞

雄/摄影：孙桂玲

形态特征　体型较大的鹀类，体长15～18厘米。嘴厚且短，整体圆钝；尾较长，略分叉。雄鸟头顶至后颈栗色，眼先黑色，白色的眉纹显著，耳羽栗色，其下具一白纹，白纹下邻黑色的髭纹，整体头部侧面观形成三道深色纹，故得其名；喉白色，颈侧灰色，胸栗色，至腹部色彩渐淡，至尾下覆羽为淡皮黄色；上体栗色，背、肩具显著黑色纵纹；翼黑褐色而具浅色羽缘；尾主要为黑色，中央尾羽棕色，最外侧尾羽具显著的白斑。雌鸟色较淡，眉及下颊纹皮黄色，上体以棕褐色取代栗色，胸、腹为逐渐变淡的皮黄色。幼鸟色淡且多细纵纹。

生活习性　主要栖息于山区和平原的疏林、林缘、灌丛、幼龄树林等。繁殖期主要以昆虫为食，非繁殖期主要取食草籽等。常在树上或电线上栖息，活动于灌丛、矮树丛上，也会到地面觅食。叫声为单音节的“滋、滋”声，春夏季常会站在高处鸣唱，鸣声悦耳。繁殖期5～7月，主要营巢于灌丛中或小树上，巢为碗状，由草叶等编织而成，内衬有纤维。

分布居留　较常见的留鸟。本区分布广泛，自泰山高山带到汶河流域皆有分布。

保护状况　IUCN:LC；国家保护的有重要生态、科学、社会价值的陆生野生动物。

灰眉岩鹀　戈氏岩鹀

Emberiza godlewskii　Godlewski's Bunting

摄影：桑新华

形态特征　体型较大的鹀类，体长17厘米左右。体形似三道眉草鹀。头、颈和上胸主要为深灰色，具栗色侧冠纹和黑色髭纹，过眼纹在眼先黑色，眼后褐色；上体主要为栗色，具黑褐色纵纹；下体淡棕色；翼似三道眉草鹀而具一道白色翼斑；尾主要为黑褐色，中央尾羽棕褐色，外侧尾羽具大型白斑。雌鸟似雄鸟但色彩较暗淡，头部偏褐色。与三道眉草鹀的主要区别在于其头部灰色较多。嘴灰色，脚粉褐色。

生活习性　主要栖息于山区砾石堆以及林缘的灌丛、草地等生境。常结小群活动，主要吃草籽、谷物、植物种子和昆虫等。繁殖期4～7月，营巢于灌草丛中。

分布居留　20世纪80年代记录于泰山山区，为夏候鸟。近年来一直未记录到，在本区原分布的种群可能已经消失。

保护状况　IUCN:LC；国家保护的有重要生态、科学、社会价值的陆生野生动物。

该种在《中国鸟类野外手册》中的中文名为“戈氏岩鹀”；《中国鸟类野外手册》中记述的“灰眉岩鹀”*E. cia*，在《中国鸟类分类与分布名录》中的中文名为“淡灰眉岩鹀”。1989年泰安市鸟类资源调查组发表的《泰安市鸟类名录》中记载了灰眉岩鹀（写作“灰眉子”）和淡灰眉岩鹀（写作“灰眉岩鹀”）的分布，由于淡灰眉岩鹀分布于我国西部，与本区相去甚远，且缺少标本留存，故认为本区仅分布有本种，而无淡灰眉岩鹀分布。

小　鹀

Emberiza pusilla　　Little Bunting

摄影：彭国胜

摄影：张培栋

形态特征　体小的鹀类，体长12～14厘米。嘴较其他鹀类尖细，灰褐色，上嘴色深。眼先、头侧耳羽栗色，在头部形成明显的栗色斑；冠纹为栗色，侧冠纹黑色；眉纹皮黄色，前段色深；具白色的眼圈；眼后具一较细的黑色过眼纹；颊纹、耳羽边缘灰黑色；喉白而沾有栗色，两侧具黑色纹。上体主要为褐色，具深色纵纹。下体近白色，胸及两胁具有细碎的黑色纵纹。翼黑褐色，羽缘色浅。尾主要为黑褐色，具浅棕褐色羽缘，最外侧尾羽主要为白色。雄鸟非繁殖羽及雌鸟色彩略为暗淡。脚粉褐色。
生活习性　主要栖息于低山和平原地区的林地、灌草丛、林缘、芦苇丛中，常结小群活动，会与其他鹀类混群活动于小树上以及灌草丛间。主要吃草籽、植物种子等，也会吃一些昆虫。叫声为单调而不响亮的“滋、滋”声。
分布居留　常见旅鸟或冬候鸟。见于泰山低山、山下的城市园林、城郊及汶河流域。
保护状况　IUCN:LC；国家保护的有重要生态、科学、社会价值的陆生野生动物。

白眉鹀*

Emberiza tristrami　Tristram's Bunting

雌/摄影：张培栋

雄/摄影：张培栋

形态特征　中等体型的鹀类，体长15厘米左右。雄鸟繁殖羽头主要为黑色，具显著的白色顶纹、眉纹和髭纹；上体棕褐色，背具黑色纵纹；喉黑色，胸及两胁浅棕褐色并具有较细、较疏的深色纵纹；翼主要为黑褐色，具两道狭窄的近白色翼斑，飞羽羽缘棕栗色；尾主要为黑褐色，中央尾羽具棕栗色羽缘，最外侧尾羽具大型白斑。雄鸟非繁殖羽及雌鸟色彩较为暗淡，头部黑色区域为黑褐色，眼先皮黄色，喉近白色，胸和两胁偏灰褐色。上嘴灰色，下嘴偏粉色。脚肉粉色。

生活习性　主要栖息于低山和平原地区的林地、灌丛、林缘中，常结小群活动于林下灌丛内，较隐蔽。主要食物为草籽、种子等植物性食物，也会吃一些昆虫。

分布居留　旅鸟。春季和秋季见于泰山低山及城郊。

保护状况　IUCN:LC；国家保护的有重要生态、科学、社会价值的陆生野生动物。

黄眉鹀

Emberiza chrysophrys　　Yellow-browed Bunting

摄影：孙桂玲

形态特征　体型中等偏小的鹀类，体长15厘米左右。雄鸟头部主要为黑色，冠纹白色，眉纹前段黄色而后段白色，髭纹近白色，喉白而具黑色细碎纵纹；上体主要为栗褐色，背具黑褐色纵纹；翼主要为黑褐色，具两道白色翼斑和棕色羽缘；下体主要为白色，胸侧沾有黄褐色，胸和两肋具黑色纵纹；尾主要为黑褐色，中央尾羽外侧羽缘棕色，外侧尾羽具大型白斑。嘴主要为灰色，上嘴边缘以及下嘴基部肉粉色。雌鸟似雄鸟而头侧偏褐色，眉纹土黄色，下体黑色纵纹较少。与白眉鹀主要区别在于其眉纹前段黄色，下体较白而多纵纹，翼斑更白，喉不全为黑色。

生活习性　主要栖息于平原和低山的林缘、林地、灌丛中，偏爱林缘的灌丛，常结小群活动，会与其他鹀类混群。常在灌草丛间穿梭、觅食草籽、植物种子等，也会吃一些昆虫。

分布居留　旅鸟。见于泰山低山及城郊。

保护状况　IUCN:LC；国家保护的有重要生态、科学、社会价值的陆生野生动物。

栗耳鹀　赤胸鹀

Emberiza fucata　Chestnut-eared Bunting

摄影：张培栋

摄影：张培栋

形态特征　体型略大的鹀类，体长16厘米左右。雄鸟繁殖羽头顶灰色而具细碎黑纵纹，耳羽栗色，眼圈白色，下颊纹黑色并向下延伸至胸；上体栗色，背具黑色纵纹；颈侧灰色，喉、胸近白色，上胸具黑色细碎纵纹，其下方具一栗色胸带，腹部近白色，两胁皮黄色而具黑褐色纵纹；翼主要为黑褐色而具棕色羽缘；尾羽主要为黑褐色，外侧尾羽具大型白色斑。雄鸟非繁殖羽色彩较暗淡。雌鸟似非繁殖羽雄鸟，胸前黑色斑较少，有时无栗色胸带。嘴主要为灰黑色，下嘴基部肉粉色。脚肉粉色。

生活习性　主要栖息于平原和低山水域附近的苇丛、灌丛、沼泽、疏林以及林缘等生境，常结小群活动，会与其他鹀类混群。繁殖期主要吃昆虫，非繁殖期主要吃草籽、种子、果实等。

分布居留　较少见的旅鸟。见于汶河流域。

保护状况　IUCN:LC；国家保护的有重要生态、科学、社会价值的陆生野生动物。

田　鹀　花眉子　白眉儿

Emberiza rustica　Rustic Bunting

摄影：孙桂玲

形态特征　体型较小的鹀类，体长14.5厘米左右。嘴肉褐色，嘴尖及上嘴上缘灰黑色。头部具较短的羽冠。雄鸟繁殖羽头部为近黑色，间有皮黄白色的眉纹及颊纹，喉白色；后颈、腰为棕栗色，具浅褐色羽缘，背具黑褐色纵纹；腹部白色，胸和两胁具棕色纵纹；翼上小覆羽栗色，翼主要为黑褐色而具浅色羽缘，具两道棕白色翼斑；尾主要为黑褐色，中央尾羽外侧棕色，最外侧尾羽主要为白色。雄鸟非繁殖羽及雌鸟色彩较暗淡，颊后部通常具一近白色斑点。嘴深灰色，基部粉灰色。

生活习性　主要栖息于平原和低山的林地、灌草丛、农地等生境。常结小群活动，会与其他鹀类混群，以草籽以及其他的植物果实、种子为主要食物，也会吃昆虫。

分布居留　旅鸟。见于城郊。此种近年来全球种群数量下降较为明显。

保护状况　IUCN:VU；国家保护的有重要生态、科学、社会价值的陆生野生动物。

黄喉鹀

Emberiza elegans　Yellow-throated Bunting

雌/摄影：张培栋

雄/摄影：孙桂玲

形态特征　中等体型的鹀类，体长15厘米左右。嘴黑灰色。雄鸟头后具较短的黑色羽冠，可竖起；眉纹长而宽，前部为黄白色，后部至羽冠下方为柠檬黄色，延伸至颈侧为白色；脸部为黑色，喉黄色，喉下具显著的盾形黑色斑；腹白，两胁具栗褐色纵纹；上体栗褐色而具沙色粗纵纹；翼主要为黑褐色，羽缘棕白色，具两道白色翼斑；尾羽主要为黑褐色，中央尾羽灰褐色，最外侧尾羽具大型白斑。雌鸟似雄鸟但色彩较为暗淡，头部由褐色取代黑色，皮黄色取代黄色；与田鹀的主要区别在于其脸颊为纯褐色，无黑色边缘和后部的浅色块斑；喉和眉更偏黄色；胸前栗褐色纵纹较少；嘴色彩不同。

生活习性　栖息于山地和平原的阔叶林和混交林的疏林、林缘、灌草丛等生境。常结小群活动，繁殖期多成对活动。繁殖期主要吃昆虫，非繁殖期也会吃草籽。春季雄鸟会鸣唱，鸣声悦耳。繁殖期5～7月，营巢于地面、灌丛或矮树上，巢位置较低，杯状，由枯草等编织而成。

分布居留　较常见的冬候鸟。分布于自泰山至汶河流域的广大区域。在泰山有繁殖个体。

保护状况　IUCN:LC；国家保护的有重要生态、科学、社会价值的陆生野生动物。

黄胸鹀　黄胆　禾花雀

Emberiza aureola　Yellow-breasted Bunting

雄/摄影：孙桂玲

形态特征　中等体型的鹀类，体长15厘米左右。整体色彩鲜艳。雄鸟繁殖羽头顶至后颈栗色，额、脸部及喉为黑色；上体栗色，背具黑色纵纹；领环以及胸、腹为黄色，其间有一道栗色胸带；两胁具褐色纵纹；肩部具显著的白色斑，有一道白色翼斑，飞羽黑褐色而具皮黄色羽缘；尾羽主要为黑褐色，外侧尾羽具长白斑。非繁殖羽色彩较淡，颏及喉黄色，栗色区域多杂有皮黄色斑。雌鸟顶纹浅沙色，侧冠纹栗褐色，眉纹淡皮黄色，上体棕褐色并具黑色纵纹，腰栗色，翼上的白斑不明显；下体淡黄色，无胸带，有时胸具黑褐色纵纹。上嘴灰色，下嘴粉褐色。脚粉褐色。

生活习性　主要栖息于平原地带至低山丘陵的开阔大面积灌草丛、草地、农田，河边的草丛，具灌丛的稀疏林地等。迁徙时常结群活动，会与其他鹀类混群。性情较为警惕胆怯。非繁殖期主要吃谷物等植物种子，繁殖期主要以昆虫为食。

分布居留　少见的旅鸟。见于城郊、汶河流域。由于被大量捕捉等原因，近年来全球种群数量剧烈下降。

保护状况　IUCN:CR；国家保护的有重要生态、科学、社会价值的陆生野生动物。

栗鹀　紫背　红金钟

Emberiza rutila　Chestnut Bunting

雌/摄影：张培栋

雄/摄影：张培栋

形态特征　体型中等偏小的鹀类，体长14～15厘米。整体色彩鲜艳。雄鸟繁殖羽头、上体及胸栗色；腹黄色，两胁偏灰色且具深色纵纹；初级飞羽、次级飞羽和初级覆羽黑褐色，具狭窄的黄白色羽缘；尾羽黑褐色。雄鸟非繁殖羽色彩相对较暗，头、胸杂有黄色。雌鸟较似黄胸鹀雌鸟，头部主要为棕灰色，具皮黄灰色的顶纹和眉纹；上背灰褐色而具深色纵纹，腰棕色；下体主要为淡黄白色，两胁和胸具灰黑色纵纹；翼黑褐色而具皮黄色羽缘，尾黑褐色。与黄胸鹀及灰头鹀雌鸟的主要区别为其腰棕色，无白色翼斑，尾部边缘无白色。

生活习性　主要栖息于山区至平原地带有低矮灌丛的开阔林地、疏林、林缘和灌草丛中。迁徙时多活动于海拔较低处，常结群活动，会与其他鹀类混群。主要吃草籽等植物种子，也会吃一些昆虫。

分布居留　旅鸟。见于泰山低山、山麓及城郊。

保护状况　IUCN:LC；国家保护的有重要生态、科学、社会价值的陆生野生动物。

灰头鹀 黑脸雀

Emberiza spodocephala Black-faced Bunting

雄/摄影：褚玉鹏

雌/摄影：张培栋

形态特征 体型偏小的鹀类，体长14厘米左右。雄鸟繁殖羽头、颈、喉至上胸灰色，眼先、嘴基及须黑色；上体棕褐色，背具明显的黑色纵纹；下体浅黄或近白，两胁具黑褐色纵纹；翼主要为黑褐色，具棕色羽缘和两道近白色翼斑；尾黑褐色，最外侧尾羽具明显的白斑。雄鸟非繁殖羽及雌鸟头灰褐色，眉纹淡黄灰色，下颊纹白色；喉和上胸淡黄色，前胸具深色纵纹。上嘴近黑色，具浅色边缘；下嘴偏粉色，嘴端色深。脚粉褐色。

生活习性 主要栖息于山区至平原地带的灌草丛以及具灌草丛的疏林及林缘，常在地面和灌丛中觅食，会结群以及与其他鹀类混群活动。非繁殖期主要食物为草籽、谷物等，繁殖期吃大量的昆虫。

分布居留 旅鸟。春季和秋季见于泰山低山、山麓至城郊、汶河流域。

保护状况 IUCN:LC；国家保护的有重要生态、科学、社会价值的陆生野生动物。

苇　鹀*

Emberiza pallasi　Pallas's Bunting

雌/摄影：刘兆瑞

雄/摄影：刘兆瑞

形态特征　体型偏小的鹀类，体长14厘米左右。雄鸟繁殖羽嘴灰黑色；头、喉至上胸黑色，喉侧具白纹，后颈白色，向两侧延伸形成白色领环；上体皮黄色而具白色纵纹，背、肩具黑色粗纵纹，腰色较浅；下体白色，两胁有时具纵纹；翼上小覆羽蓝灰色，其余覆羽及飞羽近黑色而具浅色羽缘，翼上具两道浅皮黄色翼斑；尾羽黑褐色，中央尾羽外侧皮黄色，最外侧尾羽主要为白色。雄鸟非繁殖羽及雌鸟整体呈浅沙棕色；下嘴偏黄褐色，头顶浅沙褐色而具深色细纵纹，耳羽褐色，眉纹白色；后颈沾有沙褐色；腰色较偏灰。相似种红颈苇鹀整体色彩偏棕，雄鸟繁殖羽后颈棕色。

生活习性　主要栖息于平原和低山地区的水域、沼泽附近的芦苇等挺水植物丛、灌草丛、疏林中，常结小群活动，会与其他鹀类混群，在芦苇、灌草丛中穿梭，觅食草籽等植物种子，也会吃昆虫。

分布居留　在水域常见的旅鸟或冬候鸟。见于城郊、汶河流域。

保护状况　IUCN:LC；国家保护的有重要生态、科学、社会价值的陆生野生动物。

红颈苇鹀 *

Emberiza yessoensis Ochre-rumped Bunting

非繁殖羽/摄影：孙桂玲

形态特征 体型偏小的鹀类，体长14厘米左右。嘴较直，色彩似苇鹀。雄鸟繁殖羽头全为黑色；后颈、腰为棕色，背、肩为棕色、黑色与皮黄色纵纹相间；下体主要为白色，胸和两胁沾棕色，有时两胁有棕色纵纹；中央尾羽浅栗褐色，其余似苇鹀。雌鸟头部偏褐色，喉色浅，具皮黄白色的眉纹和髭纹，后颈粉棕色，下体主要为皮黄白色，其余似雄鸟。雄鸟非繁殖羽似雌鸟但喉色深。与苇鹀区别在于其色彩较偏棕色，雄鸟繁殖羽头部全黑色，无白色的下髭纹，后颈棕色。

生活习性 主要栖息于平原和低山的水域、沼泽及附近的芦苇等挺水植物丛、灌草丛中，较隐蔽，习性似苇鹀，主要食物为草籽等植物种子，也吃一些昆虫。

分布居留 少见的旅鸟或冬候鸟。见于城郊、汶河流域。

保护状况 IUCN:NT；国家保护的有重要生态、科学、社会价值的陆生野生动物。

参考文献

[1] 赛道建, 孙玉刚. 山东鸟类分布名录 [M]. 北京:科学出版社, 2013.

[2] 王新花, 李传荣. 泰山生物多样性 [M]. 北京:知识产权出版社, 2013.

[3]〔英〕约翰·马敬能(John Mackinnon),(英)卡伦·菲力普斯(Karen Phillipps), 何芬奇. 中国鸟类野外手册 [M]. 长沙:湖南教育出版社, 2003.

[4] 赵欣如. 北京鸟类图鉴(第3版) [M]. 北京:北京师范大学出版社, 2017.

[5] 赵正阶. 中国鸟类志(上)·非雀形目 [M]. 长春:吉林科学技术出版社, 2001.

[6] 赵正阶. 中国鸟类志(下)·雀形目 [M]. 长春:吉林科学技术出版社, 2001.

[7] 郑光美. 鸟类学(第2版) [M]. 北京:北京师范大学出版社, 2012.

[8] 郑光美. 中国鸟类分类与分布名录(第三版) [M]. 北京:科学出版社, 2017.

[9] 中华人民共和国林业部野生动物和森林植物保护司. 中国野生动物保护管理法规文件汇编 [G]. 北京:中国林业出版社, 1994.

[10] 朱曦, 姜海良, 吕燕春. 华东鸟类物种和亚种分类名录与分布 [M]. 北京:科学出版社, 2008.

[11] 自然之友野鸟会. 常见野鸟图鉴·北京地区 [M]. 北京:机械工业出版社, 2013.

[12] 杜恒勤, 韩云池. 泰山鸟类集群行为的研究 [J]. 山东林业科技, 1992(1):17-19.

[13] 杜恒勤, 刘玉, 刘涌涛. 泰山不同生境的鸟类研究 [J]. 岱宗学刊, 1997(4):8-12.

[14] 杜恒勤, 于新建. 泰山鸟类的研究 [J]. 山东林业科技, 1994(1):19.

[15] 杜恒勤. 泰山常见鸟类的初步调查 [J]. 动物学杂志, 1959,3(12):551-554.

[16] 杜恒勤. 泰山夏季鸟类生态分布的研究 [J]. 动物学杂志, 1982(3):8-10.

［17］杜恒勤. 泰山鸟类垂直分布的研究［J］. 四川动物, 1985,4(4):5-9.

［18］杜恒勤. 泰山徂徕山隼形目及鸮形目鸟类的研究［J］. 山东林业科技, 1987(01):37-39.

［19］杜恒勤. 斑头鸺鹠在泰山等地为留鸟［J］. 动物学杂志, 1988(05):53-51.

［20］杜恒勤. 泰山鸟类调查续报［J］. 四川动物, 1995,14(1):35.

［21］杜恒勤. 泰山鸟类分布规律的研究［J］. 岱宗学刊, 1998(04):1-3.

［22］李荣光, 田凤涵. 济南近郊春末夏初的鸟类［J］. 山东师范学院学报, 1959,2:33-45.

［23］任月恒, 高爽, 康明江. 山东农业大学南校区校园鸟类多样性初步研究［J］. 山东农业大学学报(自然科学版), 2013, 44(02):225-230.

［24］任月恒, 杨立, 张睿, 等. 30年泰山繁殖鸟类种类变化［J］. 动物学杂志, 2016, 51(5):761-770.

［25］泰安市鸟类资源调查组.泰安市鸟类资源调查研究技术报告［J］. 泰安林业科技, 1989(2):1-42.

［26］闫理钦, 王金秀, 王兴春, 等. 泰安地区湿地鸟类调查［J］. 山东林业科技, 1997(S1):80-83.

［27］闫理钦, 王金秀, 王兴春, 等. 泰安湿地的水禽［J］. 野生动物, 1999(03):6.

［28］胡立东,汤贵仁, 刘慧,等.泰山文献集成［M］. 山东:泰山出版社,2015.

［29］段文科,张正旺.中国鸟类图志［M］.北京:中国林业出版社,2017.

［30］赛道建.山东鸟类志［M］.北京:科学出版社,2017.

［31］吕学泰,吕树芸.泰山药物志点校［M］.青岛:青岛海洋大学出版社,1993.

中文名索引

英文名索引

A

B

C

D

E

F

拉丁名索引

后 记

在泰山工作的人最常听到的一句话是："泰山是世界遗产，一定要保护好啊！"在本书的编辑过程中，我们最常被前辈、领导和同仁们耳提面命的一句话是"泰山的一草一木、鸟兽虫鱼都要保护好啊"。这是期待，是信任，更是使命。

泰山是儒释道三教合一的典范，信奉者众多，经常有放生鸟兽虫鱼的事情，也有放生外来物种的事件，其中一些产生了不好的影响：如放生的松鼠给泰山核桃产业造成了极大的损失，巴西龟每到冬天都被冻死在放生池中。"捕捉—放生—再捕捉"的利益链已经成为放生组织者谋取暴利的手段，再加上媒体报道的盲目放生、乱捕乱猎、破坏生态平衡的事件比比皆是，编者更加感到非常有必要向公众宣传外来生物入侵的危害性。恰巧，其他编者也多有此意，遂成此文，欲借泰山之威名，传播人微言轻的意念，呼吁更多的人关注自然保护。

盲目"放生"　不如科学"护生"

放生习俗历史悠久。《列子·说符》中就有"正旦放生，示有恩也"的记载，反映了该习俗有唤醒世人的恻隐、仁恕、慈悲之心，为天下苍生祈福，德被万物的积极作用。同时，该记载也对放生乱象进行了直接的批判——"捕而放之，恩过不相补矣"。放生本该是引人向善的正能量，近年来却因为某些人的不科学、不理智、不规范的行为而变得荒唐起来。

盲目放生的事件被媒体频频曝光。2016年6月，包含毒蛇在内的数百条蛇被放生在四川都江堰玉堂镇水泉村，村民为了自保，拿起棍棒、镰刀等沿着山路打蛇，很多蛇死于非命；2016年1月，广州市花都区隆华寺有信众放生几百只活老鼠；2015年9月，外地游客在千岛湖违规放生350余只巴西龟；2015年5月，湖北梁子湖放生的中外乌龟发生了混战，造成大量乌龟死亡。这些恶性事件的发生，究其原因，在于公众对于盲目放生的危害性不了解。

盲目放生的危害性可以大致可以概括为以下六个方面：一是会引起外来物种入侵，会导致本地物种的灭绝。20世纪50年代，云南滇池引进了“四大家鱼”，目前，已导致滇池流域84%的本地鱼类灭绝，独有鱼类也由10种减少为1种。二是大规模、超负荷的放生，会破坏生态平衡。在某一个地点集中、大批地放生，会导致被放生的动物食物和栖息场所短缺，造成相互伤害或者冻饿而死。2012年9月2日，北京什刹海前海金锭桥水面出现大片死鱼，其中很重要的一个原因就是一次性放生了上千斤的鱼，造成水中氧气不足。三是不了解生物习性，盲目将动物置于不适宜生存的环境之中。2012年9月，泰山普照寺附近有信众放生了近百只白腰文鸟，这些鸟不到两个星期就全部死亡。四是不考虑他人安全，随意放生危险动物。老鼠、狐狸，甚至毒蛇都有人放生。五是不经动物检疫，随意放生容易留下传播疾病的隐患。广州白云山的科研人员在景区内发现了数百只巴西龟，不仅携带沙门氏杆菌，还能直接捕食当地的水生生物，给本地鱼类和龟类带来灭顶之灾。六是变味的“利益链”让更多的动物受到了伤害。愈演愈烈的盲目放生活动，催生了“捕捉—出售—放生—再捕捉”的商业链。据统计，每放生1只雀鸟，最少有10只雀鸟在运送途中死亡。而被放生的人工养殖动物，由于其野外生存能力低，只能被饿死或者被其他动物捕食。在北京怀柔被放生的狐狸饿死时只剩下了一张皮，惨不忍睹。本应体现慈悲为怀的放生活动，在盲目放生中却演变为杀生和对生态环境的破坏。

针对如何放生的问题，争议已久。明代四大高僧之一的莲池大师提出了“无定物”“无定日”“无定处”和“避免贩者从中渔利”的观点。近年来，一些佛教人士、学者也都提倡要依据国家法律、教法和科学方法规范放生，而不是盲目追求放生数量、频次，更要坚决打击“商业化”放生行为，做到科学放生、智慧放生，变放生为护生，维护生态平衡，促进生态文明建设。

遵守国法是指遵守《野生动物保护法》《中华人民共和国海洋环境保护法》《中

华人民共和国渔业法》《水生生物增殖放流管理规定》《生物多样性公约》以及《濒危野生动植物种国际贸易公约》等法律法规和国际公约。这些法律都明确规定禁止放生外来种、杂交种、转基因种等。2016年新修订的《野生动物保护法》针对放生外来物种设定了处罚细则，并要求放生当地物种也要在科学机构的指导下进行，产生危害的要承担相应的法律责任。

事实上，也有不少信众坚持放生本地物种。2015年6月，福州市民在闽江放生中华绒螯蟹被媒体报道，得到了大家的好评。自2009年起，泰山连续9年坚持泰山螭霖鱼增殖放流活动，使几乎绝迹的“中国五大名鱼”之一迅速恢复到了20世纪50年代的水平。

符合教法是指放生活动应该秉持悲悯护生、救难解困、拔苦与乐之心，摒弃功利心和求功德福报心，倡导随缘放生，更不要盲目追求数量和频次。

劝人放生的信众基本上都会说这样一句话，《大智度论》云：“诸余罪中，杀业最重，诸功德中，放生第一。”但原话却是：“诸余罪中，杀罪最重，诸功德中，不杀第一。”可见，是有人过度放大了放生的功德，把“不杀第一”改为了“放生第

泰山螭霖鱼博物馆

泰山螭霖鱼增殖放流

一”。诽谤正法，比杀业更重。

部分信众把自己的“长寿、健康、少病”寄托在被放生动物的知恩回报上，就是求功德福报心，这恰与教法相悖！试想一下，盲目地把动物投放到陌生的自然环境中，这些动物备受饥饿、惊恐、染病的痛苦，甚至绝大部分失掉生命，它们怎么会溢生感恩之心？又怎么能给放生人带来福报呢？放生变成了杀生，能算“善举”吗？

放生的本意在于慈悲，但是真正的慈悲从来都是要善观缘起的。执着外在的形式，执着自身的福报和功德，而不全心全意从众生的福祉出发，这种放生不仅违背科学精神，也违背正法。

科学放生应该主动同珍稀物种保护、动物救助、环境保护等行动结合起来，向政府有关部门、专家学者进行咨询和交流，防止放生变成害生、杀生，积功德变成造杀业。

然而，对普通大众来讲，最容易做的还是科学护生。丰子恺先生在《护生画集》说“护生者，护心也”“去除残忍心，长养慈悲心，然后拿此心来待人处事”，所以才有了“爱鼠常留饭，怜蛾不点灯”“莫谓虫命微，沉溺而不援”细致入微的仁爱画面，才有了对于植物也要“非不得已，非必要，亦不可伤害”的悲悯之心。以此慈悲心怀，能不爱护家人、同事、朋友？能不爱护身边的一草一木？因此，当你看到了地上的蚂蚁、水里的游鱼、窗台上的鸟雀，能否为它们心存恻隐？当大雪封山的时候，能否为忍饥挨饿的野生鸟兽撒一把食物？当春暖花开的时候，能否在林间和檐头悬挂人工鸟巢和燕子巢托？当看到非法捕捉、贩卖、食用野生动物的的人和事时候，能否主动制止，或者报警？推而广之，当有条件的时候能否多向困苦的人伸出援手？只要发心去做，你就能帮助无量众生、行无量善行、成就无量功德，达到悲悯众生、帮助众生、利益众生的目的……当习惯成为自然，你就体会到了“心底无私天地宽”的圆满，惠及了众生，也成就了自我。

“天地不仁以万物为刍狗。”地球演化了亿万年，无数个物种经过竞争、排斥、相互适应和互利互助，最终形成了相互依赖又互相制约的密切关系，这是自然的规则，天道!

“人与自然是生命共同体，人类必须尊重自然、顺应自然、保护自然。”科学“护生”，就是从自身做起，树立绿色环保、可持续发展理念，努力保护、维护和恢复好原有的自然生态环境，让万物自然发展，让地球不再变暖，永葆“绿水青山”，就是功德第一了。